互联网
赋能成长

INTERNET
EMPOWERING GROWTH

青少年网络素养教育
读 本

YOUTH
DIGITAL LITERACY
GUIDE

中国社会科学院国情调查与大数据研究中心 编

社会科学文献出版社
SOCIAL SCIENCES ACADEMIC PRESS (CHINA)

青少年网络素养教育读本
编 委 会

前　言

放眼过去十年，我们进入了中国互联网发展最快的时期，互联网技术和应用已经全面渗透国人的日常生活。面对未来社会发展的趋势，当下一个让学校、家庭和父母非常关注的问题是：青少年网络素养究竟应该如何培养？本书的推出，在这方面做了一些初步的探索。之所以说是"探索"，原因在于互联网社会变化之快超出了人们的想象，很多既有规范和社会规则难以适用于新生的网络事物；移动网络时代的属性与年轻人紧密连接，研究者只能通过某些视角体验、分析和研究他们的学习和生活。就研究特点而言，相较于系统性的研究，它更符合小心翼翼的探索。

在当前谈青少年的网络素养，网络保护和网络防沉迷是两个绕不过去的主题。一方面，如何在一个新的时代，做好未成年人网络保护的教育工作，让他们能够了解和辨别网络中存在的种种危险，以及应对的方法，从而获得一定自我保护的能力，并能有效运用一些维护合法权益的网络武器。另一方面，关于青少年的网络防沉迷，涉及的具体内容比较多，玩游戏、看视频直播、阅读网络小说等，都可能是网络防沉迷所要关注的。实际上，这些内容在青少年的生活当中几乎是不可避免的。

还有一个根本性的问题，即青少年使用网络的频率和强度应该保持什么样的水平？这是整个社会、学校和家庭很难提供答案的一个问题。因为在青少年生活当中，使用网络成为其群体性文化的一部分，也成为他们日常生活，甚至是写作业、学习知识、和同学交流的最重要工具之一。事实上，对网络使用频率和强度作出一个匆匆的主观限制，往往是失之偏颇的，而应该根据不同孩子的实际情况，因地制宜作出选择。

由于人们难以确定网络使用频率和强度的合理性，那么网络素养教育需要解决的一个核心问题在于，如何实现青少年的网络使用、网络保护、网络防沉迷三者之间的平衡？这个目标的实现很大程度上取决于家长、学校和社会。在这三者的考量里，首先需要解决的是，如何看待未成年人网络保护和网络防沉迷这两个问题。通过调研发现，一些学校的网络安全课程依然停留在十几年前保护电脑不受病毒侵害的层次上，而不是去保护孩子的身心健康、防止不良信息对孩子的影响。再看网络防沉迷，由于互联网社会发展得太快，游戏、视频、直播等娱乐性的内容中鱼龙混杂，国家立法和行业规范并没有及时、系统地跟上。

那么家长究竟应该如何看待这个问题？所谓网络使用、网络保护、网络防沉迷三者之间的平衡，其实是让孩子能够在一个健康、安全的网络环境中，自然地成长，既不要过度沉迷网络，也不要被屏蔽在网络生活之外。这是一个看似简单的要求，在实际生活当中却很难保持平衡的状况。这尤为需要家长花费更多时间和精力关注自己的孩子，因为孩子们日常生活中家长是最直接的接触人，也是最重要的监护人。尤其是在年龄较小的学龄阶段，家长的作用可能要远胜于学校和同辈群体。这需要家长对网络有一个清晰、清醒的认识，如果能够通过多种各样的手段来培养孩子们形成网络自我保护，以及不过度沉迷娱乐性网络活动的习惯，对孩子一生的成长都会有很大的帮助。然而，如果采取消极保护的方法，仅仅只是把孩子与网络隔绝开来，那么效果恐怕会适得其反。生活中可以看到很多孩子在高中之前都受到家长的严格控制，与网络保持距离，但一进入大学，在没有家长监控的情况下便迅速成为网络沉迷者，严重者甚至面临被退学开除的窘境。

当前的网络时代赋予了年轻人新的空间与表达路径，用习近平总书记的话说，年轻人是"时代新人"。中国社会科学院国情调查与大数据研究中心联合腾讯研究院，邀请到一批知名专家学者合作撰写了本书，旨在通过这一探索性研究，让更多人关注到青少年网络素养的教育问题，希望这本书能够让社会、学校和家长，在塑造网络时代的新青年上有更加准确的认识；同时，也希望这本书能让更多人认识和包容孩子们积极向上的互联网生活。

本书编写组

2018 年 5 月

目 录
CONTENT

YOUTH
DIGITAL LITERACY
GUIDE

第一篇

基础视角

导读：我们已经进入了 4G 时代，手机等移动设备无处不在，Wi-Fi 等网络信号全域覆盖，任何人都在网络之中，青少年也不例外。因此，谈网色变，既奈之不得，也大可不必。关键是如何引导青少年理智、科学地使用网络，取其精华、去其糟粕，让网络为我所用，让青少年学会掌控自我，亦即培养青少年良好的网络素养。而这，更加关乎的是家庭的温暖、父母的责任。

第1讲 用教育智慧提升孩子的网络素养

孙宏艳

中国青少年研究中心少年儿童研究所所长、研究员

要点采撷

◎ 孩子沉迷网络的根本原因并不在于网络，而与其成长环境、心理特征等有很密切的关系。

◎ 好的亲子关系更有利于父母训练孩子使用网络的自我控制力；家长越是阻止孩子上网，孩子过度用网的比例往往就越高。

◎ 培养孩子网络素养的第一责任人是父母。父母既要为孩子提供良好的成长环境，构建和谐的亲子关系，也要不断提升教育素质，给孩子更科学、更智慧的家庭教育。

2000 年，我在家庭教育咨询热线做义务咨询。一天，我正在值班，热线电话铃声响起，接起来听到一位妈妈在电话那端压抑地哭泣着。她说儿子刚上初二，天天就想上网不想学习，总是跟她要钱去网吧玩游戏，如果她不给钱，孩子就会砸家里的东西，甚至对她又打又骂。无奈，她每天上班时只能把家里的电脑键盘拔下来带到单位，下班再把键盘带回家。这位妈妈正与我聊着，那边她的呼机响起来，她说："他又在催我要钱了，家里不知又有什么东西被他砸了，我真是生无可恋啊。"

我问她："孩子的爸爸呢？"她欲言又止。聊了一会儿我终于明白，原来孩子的爸爸因为经济问题被劳教，只有她一个人带着孩子生活。本来安排孩子在初三时出国读书的，因为爸爸的问题，孩子感觉特别没面子，因此开始玩网络游戏，并且玩的时间越来越长，仿佛只有网络游戏才能让他的一天安静下来。

已经过去了 17 年，但是这位妈妈哭泣的声音始终在我耳边萦绕。如今，我们已经进入 4G 时代，手机、iPad 等移动设备、Wi-Fi 等网络信号几乎在生活中无处不在。家长如果担心孩子上网，想再如十几年前一样拔下键盘随身带走已经毫无可能。因此，有些家长开始把网络当成"死对头""洪水猛兽"，认为孩子成长得不如意都是网络惹的祸，是网络让孩子"堕落"。

随着网络的进一步普及，一些家长、老师特别担心孩子上网太多影响学习，因此不断寻找各种阻止孩子接触网络的办法。的确，我们在各种媒体上看到了一些孩子过度上网影响学业的案例，有的孩子因为过度使用网络引发了假性近视、颈椎病、神经衰弱、失眠、胃溃疡、口腔溃疡等健康问题，但是我们必须看到，在如今的网络时代，要想阻止孩子上网已经是不可能的事情，即使家里不能上网、父母不许上网，孩子也会找到其他可以上网的途径，比如网吧、同学家、快餐店等有免费 Wi-Fi 的环境，现在已不能阻止孩子对网络的好奇与需求。

因此，让孩子们理智、科学地使用网络，培养孩子良好的网络素养，才是网络时代父母与老师应该做的事情。

一、四类孩子更易用网过度

现如今，无论是城市还是农村的中小学生，上网的比例已经在九成以上。中国青少年研究中心调查发现，有 95.3% 的中小学生上过网，从未上过网的只有 4.7%。其中，10 岁开始上网的比例最高（17.8%），其次为 8 岁（14.2%）、9 岁（11.0%）、7 岁（10.5%）、12 岁（9.4%）。可见，小学阶段是少年儿童接触网络的主要年龄段，到 12 岁为止触网比例已经达到八成多（84.5%）。

上网的孩子这么多，为什么有的孩子过度使用网络，有的孩子却能合理使用不沉迷呢？研究发现，有四类孩子容易过度使用网络。

1. 自我认同感较低的孩子

喜欢长期在网上逗留的孩子，他们大多对自己在现实生活中的各方面表现都不太满意。例如，他们或者对家庭环境不满意，或者对自己的学习成绩不满意，或者对自己的相貌、身材等不满意，因此他们对自己缺乏认同，想在网络上获得他人的尊重。例如，一位女生因为自己太胖而感到自卑，生活中她几乎没有朋友，但在网络中她却是一个人见人爱的美少女。她把照片加工以后发给网友，从早到晚与一些男生聊天。有的男生要与她谈朋友，她就说"某某也要与我谈朋友，要不你们决斗吧，谁赢了我就归谁"。然后，她用 QQ 约几个男生打架，让他们为她决斗。当我们在少年管教所里访谈她时，她说：

> 我在初中时就很胖了，那时我可自卑了，觉得自己特别丑，不好意思见人。所以，还在初二时我就不上学了，整天在家里待着。爸妈都忙，他们也不管我，我就自己上网玩。

在网上聊天老好了，没有人笑话我胖，他们都认为我是一个身材优美擅长舞蹈的女孩儿。我才不管呢，只要有人愿意和我聊天就行，什么真话假话的！那时我最喜欢用 QQ 聊天，我那上面有 200 多人，几乎 24 小时都有人和我聊天。在网上我也认识了好多"男朋友"，我和他们"谈恋爱"，还"结婚"和"离婚"……

这位女生正是因为对自己缺乏认同感，认为自己不漂亮没有人喜欢，才长期留恋网络。因为她在网上感到了被喜欢、被追求、被尊重……这使她在心理上获得了满足。因此，缺乏自我认同感、对生活不满意是孩子喜欢待在网上的原因之一。

2. 面对压力难以应对的孩子

孩子在成长过程中总会遇到这样那样的压力。例如，他们可能缺少朋友，在课余时间经常一个人玩耍；也可能他们的家庭环境让他们感到不快乐甚至紧张；也可能他们在学习上遇到困难，在家里被父母嫌弃，在学校里被老师与同学嫌弃……这些压力对孩子来说就像一座座大山，压得他们喘不过气来，因此他们特别想逃到网络中去躲避起来。于是，网络就成了他们逃避压力的庇护伞。

在研究时，我们访谈了一位 15 岁的男生，他因为盗窃他人钱包而成为少年犯。他说：

> 我偷钱就是为了去网吧上网。那时候我爸爸在外面有人了，家里天天吵架，我妈又哭又砸碗摔锅的。他们吵得特别厉害，也不分时间和场合，什么时候都吵。有时候正吃着饭，他们俩突然就吵起来了。有时候半夜醒来也听见他们俩吵，有时候我妈妈就不停地哭或者骂人。那时我特别烦，特别不想在家里待着。我就想一个人躲出去生活，我自己一个人住，再也不看见他们。可是我没有钱啊，我就拿着我仅有的一点儿零花钱去网吧了，在网吧里睡了一个晚上。再后来我就天天到网吧上网了，在网上和很多人聊天，经常晚上不回去，住在网吧里。网吧便宜啊，15块钱一晚上，有方便面吃，有椅子可以躺下睡觉……

这位男生总是喜欢到网吧玩，表面看是网络聊天吸引了他，但深层次的原因是他在生活中遇到了问题，父母的吵闹让他在家庭中得不到温暖，但是他又没有能力解决父母之间的争执与矛盾，因此才会逃到网吧不想回家。

3. 家庭中缺乏温暖的孩子

我们常说"家庭是温暖的港湾"，这话并不是一句"心灵鸡汤"

或"矫情",家庭的确是每个人的港湾,对孩子来说尤其重要。孩子在家庭中获得安全感与父母的认可,家庭既带给孩子温暖也是孩子发展的第一环境,家庭生活影响孩子未来的生活态度。如果家庭中缺乏温情,孩子得不到温暖,自然就想找到新的港湾。这时,网络、网友、游戏就很容易成为他们的"港湾"。

一位中学生在接受访谈时跟我们说:

> 我6岁时父母离婚了,我被判给了父亲。在我爸我妈离婚之前,我的童年也可以算比较幸福,比较美好。他们离了婚以后,情况就截然相反了。我爸是一个地地道道的农民,很多事儿,从我妈走了以后,就没有什么人管他。有时父亲说我我不听,他渐渐就养成了打我的习惯。可是越打我越不听,越不听他就越打我。后来我被他打疲了,一直到我念初中。这多少年了啊,十年了,他还打我。其实他打我只是因为家里面的一些小事,有时候是做家务,洗碗把碗打碎了呀,或者说是其他的,都是一些小事……什么事儿都别让他看不过眼,他看不过眼就直接打我一顿。看见同学们每天说起自己的家都一脸幸福,我就更烦恼。后来为了避免经常被打,我就很少回家,要么到网吧去玩,要么躲在同学家玩,然后我爸就说我上网成瘾了,其实他根本不知道责任都在他身上。

这位男生爱上网络的根本原因就是他在家庭中得不到温暖，因此选择网络做他的"家"。如果父母能多给他一些关爱，即使父母离异，他依然可以经常得到妈妈的爱，得到爸爸的陪伴，那么他在网络上的时间就不会那么长。

中国青少年研究中心的调查显示，过度使用网络的孩子"有心里话藏在心里"的比例为 19.1%，而正常使用网络的孩子比例为 9.4%，相差近 10 个百分点。而且，与有心里话跟爸爸说的比例相差 13 个百分点、跟妈妈说的比例相差 22.8 个百分点。不仅如此，调查数据还显示，过度使用网络的孩子与爸爸、妈妈的关系更差，认为与爸爸、妈妈关系不良的比例，分别比适度使用网络的孩子高近 9 个、6 个百分点。

4．生活中缺乏朋友的孩子

朋友对于中小学生的意义，甚至超过了学习成绩。学习成绩不好的孩子，虽然也会着急、紧张，怕爸爸妈妈责罚，怕老师嫌弃，但是没有朋友对他们来说则犹如一座大山压在脊背上抬不起头来。下课时，一些同学在一起玩，没有朋友的孩子会觉得如坐针毡。这样的孩子更容易把网络当"朋友"。

山东省一位农村初中生因为转学来到了城市，但是新的环境让他很不适应，他觉得同学都瞧不起他，因此总是在网上玩游戏。他接受访谈时说：

没上网以前我心里压抑得很，在班里没朋友，大家都瞧不起我，觉得我是从农村来的，见识少。有一次老师要求同学们自由组合社会实践小组，谁也不跟我一组。当时我觉得特别没面子。开始时我还努力想和大家成为朋友，但后来我也害怕了，见到人不敢开口说话。那时候每天到学校去简直像受刑一样，晚上睡不着，就害怕第二天上学。有一天我心里苦闷，就到家附近的网吧里上网，这才发现网上真好，网上什么都有，网上随时都有人和我一起玩，玩游戏时总有人在线。我变得爱说话了，在网上和人说啊说，什么都敢说……

对中小学生使用网络情况进行调查也发现，过度使用网络的孩子更缺乏与人交往的技能，尤其是面对陌生人时他们会更紧张。数据显示，过度使用网络的孩子经常感到孤独的比例为11.2%，而不过度使用网络的孩子经常感到孤独的比例为6.2%，前者比后者高5个百分点；对首次见面的人感到"交谈不容易"的比例，用网过度的孩子为28.3%，用网不过度的孩子为19.4%，前者比后者高8.9个百分点。可见，有些中小学生希望在网上玩，更多是因为他们害怕现实中的交往，缺乏与人交往的技巧。

二、四种家庭更易使孩子用网过度

环境对孩子的影响远远超出父母们的想象。我们常常谈到"原生家庭"这个词语，对父母来说，原生家庭就是自己小时候长大的那个家庭。一个人长大后的待人接物、心理情绪、道德行为等，均与原生家庭有着密切的关系。对孩子来说，原生家庭就是他们正在成长着的家庭，爸爸妈妈对他们的教育也同样深刻地影响着孩子的方方面面。对网络的使用也是如此，有些孩子过度迷恋网络，而有些孩子就可以理智地面对网络，家庭环境在其中起到了非常重要的作用。那么，过度使用网络的孩子，他们大多生活在怎样的家庭里呢？

1. 亲子活动少的家庭孩子易用网过度

研究发现，在有父母很好陪伴的家庭中，孩子用网过度的比例更低，大多数孩子都能有节制地使用网络。这是因为一方面，父母的陪伴能丰富孩子的课余生活，让孩子感到线下的生活要比网络上的生活精彩得多；另一方面，父母在与孩子的良性互动中有更和谐的亲子关系，父母的教育目标、教育价值观等也能更好地传达给孩子，从而使家庭教育更有效。

中国青少年研究中心的调查发现，在过度使用网络的家庭中，父母与孩子进行亲子活动的比例更低。所谓亲子活动，就是父母与孩子一起进行的活动，如一起看电视、一起听音乐、一起运动等。数据显示，与适度使用网络的孩子相比，过度使用网络甚至沉迷网络的孩子父母从不与他们一起做家务的比例高出 8.7 个百分点；同样，从不一起运动高出 11.5 个百分点，从不一起玩游戏高出 14.5 个百分点，从不一起用电脑高出 8.3 个百分点。这说明，父母越是不与孩子一起进行各类亲子活动，孩子沉迷网络的比例就越高。

一位接受访谈的中学生说："爸爸妈妈都很忙，他们都很优秀。在我的成长中，他们轮流出去工作、上学，根本没有时间陪我玩，因此我只能自己在网上玩。网络上每时每刻都有人陪伴着我，聊天、看直播、玩游戏……有的孩子成了我的朋友。我讨厌忙忙碌碌的生活，将来我有了孩子，钱够花就行，希望自己能多陪孩子玩。"可见，缺少父母陪伴的孩子，更容易把网络当作生活中的依靠与情感的依赖。即使是上了初中的孩子，也许他们并不需要父母陪着吃饭逛街，但是他们需要与父母有情感共鸣的交流，需要更多精神方面的支持与理解。

2. 父母抗拒网络的家庭孩子易用网过度

有的父母认为是网络让孩子分散精力，不爱学习，导致学习成绩下降，因此对网络持有反对、抗拒的态度。在一次对教师的培训会上，一位老师对我说："我是一位高三孩子的妈妈，为了保证他高三能好好学习不分心，我们家把电脑打包起来放在箱子里贴上了封条，把家里的网线也拔掉了，停了网络缴费，我们作为父母也坚决不上网，不玩手机，要给孩子做个好榜样。"这位教师妈妈的苦心可以理解，但做法实在不够智慧。

互联网的飞速发展已经使网络无处不在，它如同空气一样渗透在人们的生活中。成年人想阻止互联网一代的原住民——当代少年儿童远离网络已经没有可能。而且，成年人越是阻止，孩子就越容易想方设法远离成年人的视线偷偷上网。其结果就是家长越是阻止孩子上网，甚至家长自己不上网或家里没有上网设备的，孩子过度用网的比例往往更高。调查数据显示，父母反对孩子上网，孩子过度用网比例为9.9%，父母支持孩子上网，孩子过度用网比例仅为1.7%，相差了8个百分点；家长不上网，孩子过度用网比例为8.4%，家长上网的孩子过度用网比例为5.7%，相差近3个百分点。从这几点可以看出，网络并不是孩子过度使用的罪魁祸首。

3. 教育粗暴的家庭孩子易用网过度

每个家庭教育孩子都有自己的方式方法，有的父母对待孩子比较民主，允许孩子犯错误，允许孩子表达他们的想法，在很多问题上希望听到孩子的意见，与孩子关系比较亲密，我们把这样的家庭称为民主型家庭；有的父母对待孩子比较严格，对孩子期望较高，要求孩子考试拿高分，成绩不能降下去，与孩子沟通较少，即使沟通也多以学习成绩、班级排名等作为话题，甚至有时会打骂、训斥孩子，这样的家庭我们称之为粗暴型家庭；有的家庭对孩子比较溺爱，孩子需要的、不需要的一切都会及时送到孩子身边，很多事情孩子说了算，这样的家庭我们称之为溺爱型家庭；还有的父母对孩子比较放任，几乎不管，甚至把孩子交给祖父母来代养，这样的家庭大多为疏离型家庭。

对不同家庭的教养方式进行研究后发现，粗暴、溺爱、疏离型家庭里长大的孩子，沉迷网络的比例更高，而民主型家庭里长大的孩子，沉迷网络的比例更低。尤其是在粗暴型家庭里，沉迷网络的比例要比不沉迷网络的高 7 个百分点。一位因沉迷网络而接受治疗的 16 岁女孩对访谈员说："我与爸妈交流很少，冲突很多，尤其是我妈妈，对我管教非常严格，她很有控制欲望，穿衣、外出等都管得很严，天天强迫我去补课，不让我碰电脑。我在小学时他们就限制交友，我没有选择权，经常挨妈妈打。我爸爸很少回家。因此，我就长期在网络上玩游戏找朋友。"这说明，如果父母不能给孩子一个温暖的港湾，孩子自然要逃到网络上去寻找或构建一个想要的港湾。

4．父教缺位的家庭孩子易用网过度

沉迷网络的孩子另一个家庭环境特征是亲子交流少，父母与子女的关系较差，尤其是孩子与父亲的关系差。我们把沉迷与非沉

迷孩子的人际关系进行比较发现，沉迷网络的孩子与父亲、母亲、老师、同学的关系都更差一些。尤其与爸爸关系差的比例，两者相差了8.8个百分点；与妈妈关系差的比例，两者相差了5.7个百分点。笔者也曾对多名沉迷网络的少年进行访谈，发现这些孩子的一个共同点就是父亲在家庭教育中严重缺位。有的孩子生活在单亲家庭中，只有妈妈和他一起生活；有的孩子虽然生活在完整的家庭中，但是爸爸常年在外忙生意，很少回家，更少与孩子沟通；有的父亲虽然在家，但是对孩子的学习与生活也较少过问。

正是这样的亲子关系，使孩子感到不被理解，有话只能憋在心里，或者去找网友倾诉。调查数据显示，沉迷网络的孩子有心事选择"憋在心里"的比例为19.1%，而非沉迷的孩子比例为9.4%，相差近10个百分点。沉迷网络的孩子也常常感到更孤独，比例比非沉迷的孩子高16.2个百分点。一位14岁的男生对访谈员说："我和爸爸妈的关系不好。他们不和我一起说话，不了解我。"

三、八招帮您做网络时代的智慧父母

上文笔者对容易沉迷网络的孩子自身特质、家庭特质进行了分析。从这些特质可见，孩子沉迷网络的根本原因并不在于网络本身，而与孩子的成长环境、心理特征等有很密切的关系。关于孩子在网络面前出现的各类问题，我们希望孩子有强大的自制力去应对。因此，我们常说要提升孩子的网络素养，但笔者认为，培养孩子网络素养的第一责任人应该是父母，预防孩子沉迷网络的第一责任人也应该是父母。一方面，父母要为孩子提供良好的成长环境，构建和谐的亲子关系；另一方面，父母也要不断提升教育素质，给孩子更科学、更智慧的家庭教育，让孩子既能在网络世界里畅游，又能在现实中活得精彩。

孩子对待网络的态度与父母的教育智慧有紧密的联系。因此，父母要不断学习，在网络时代里做智慧的父母。下面几点供家长们参考。

1. 用开放的心态接纳网络

4G 时代，网络已经如影随形，它就是我们的生活环境和生活方式，是不可隔离、不可阻挡的。家长可以多和孩子一起讨论网络上的热点事件，在网络上看几篇好文章，一起玩玩网络小游戏，一起在网上听音乐看电影，这些都是亲子沟通很好的方式。只有家长和孩子一起亲近网络，他们才不会被逼到网吧去。

2. 经常安排共同的家庭活动

父母经常和孩子进行亲子活动，能增进亲子感情，了解孩子的快乐与烦恼，与孩子的关系更亲密。这样的家庭是孩子安全的港湾，即使孩子在学习或生活中遇到困难，他也会请求父母支持，或相信家庭会给自己温暖，孩子因此不需要在网络上寻求安慰。建议家长可以和孩子多设计一些亲子活动，比如一起做家务、一起去爬山、一起去公园、一起参加运动项目等。通过这些亲子活动，建立顺畅的沟通渠道，让孩子在家庭活动中感受到父母亲情。同时，这也是与孩子沟通的好机会。

3. 善于发现孩子的闪光点

自信心是在每一次小成功中获得的，家长要经常让孩子感受到成功，因此要经常去发现孩子的闪光点。例如，孩子的作文写得好，要及时表扬；即使作文写得不好，但其中几个句子写得好，也应该要给予肯定；没有几个好句子，但有几个字写得特别端正，也是值得赞扬的。只要做有心的父母，就能经常发现孩子的长处。如果孩子在现实生活中感觉灰溜溜的，没有可取之处，他就更想到网络上去塑造一个理想的自我。沉迷网络的孩子往往不认可自己，觉得自己不如别人。父母要注意培养孩子的兴趣爱好，让孩子认识到自己有长处，在与同伴交往中有自己的闪光点。这样的孩子心中有阳光有干劲儿，觉得自己有些方面比较优秀，因此不至于在网络上"重新做人"。

4. 给孩子具体的指导而不是唠叨

家长心目中的小事，在孩子心中也许就是天要塌下来。比如，与人初次交往，成年人并不紧张，但是对孩子来说就是张不开嘴。所以，家长要在生活中给孩子多一些具体的指导，给孩子提供一些与伙伴交往的机会。不要唠叨孩子总是马虎，而要告诉他们怎样才能不马虎；不要唠叨孩子字写得差，而要帮孩子找到把字写好的办法。这些都是具体的指导，这样给孩子的帮助才更有效。

5. 了解孩子的业余时间与朋友

孩子小时候去了哪里，与谁一起玩，父母都了如指掌。孩子大了后，父母对孩子的了解逐渐减少。尤其是孩子到了初中，更有很多不愿意与父母说的"小秘密"。但是，孩子的课余时间在干什么，平时与哪些朋友交往，父母应该了解。如果孩子的课余活动单调，绝大多数时间都在网上闲逛，或者缺少朋友，经常与社会上的人在一起，父母就要注意了，孩子沉迷网络的可能性更大。因此，父母要鼓励孩子多交朋友，朋友多的孩子课余生活更丰富，他的现实生活可以比网上的生活更精彩，他可以和朋友一起玩，有烦恼向朋友倾诉，这样的孩子不会长期沉溺在网上。所以，建议父母多为孩子交朋友创造机会和平台。

6. 每天和孩子聊聊天

青春期的孩子更独立，情绪更内隐，但是他们也更渴望被了解和理解。尤其是父母对他们的理解，更能使他们感受到来自家庭的有力支持。因此，父母再忙也要每天和孩子聊聊天——不是聊学习，而是聊除了学习之外的内容。例如，聊聊他的朋友、兴趣、烦恼、喜悦、见闻、偶像……交流的时间可长可短。如果父母中的一方或双方都不在孩子身边，那么可以通过微信、QQ 等即时通信工具与孩子交流。

7. 与孩子一起面对成长中的困惑与烦恼

从某种程度上说，不是因为孩子沉迷网络才有了问题，而是因为孩子在成长发展中有了问题不知道怎么解决才沉迷网络。比如升学压力过大、缺少朋友、权益被侵犯等。出现这些问题的原因是多方面的，父母要关注孩子成长中有可能遇到的问题，尤其是那些孩子没对父母诉说的小心思，这就需要父母做个有心人，不仅要发现孩子的困惑，还要协助孩子一起面对一起解决。

8. 建立尊重平等的亲子关系

获得尊重与平等，是孩子成长中心理发展的核心需求。父母要理解孩子的需求，并把对孩子的理解、帮助变成行动，在生活中主动尊重孩子的想法，与孩子平等相处，多听听孩子的见解，让关系更和谐。对孩子民主的父母，使孩子愿意诉说心里话，使孩子总是感到被支持被鼓励，他们不会把网络看成比家庭更亲的成长环境。好的亲子关系更有利于父母训练孩子的自我控制力，与孩子"约法三章"，做好娱乐方面的计划，既允许孩子玩又不过度。另外，父母也要和孩子商量一个合理上网的安排，让孩子按着规则办，按时上网和下网。

· 作者简介 ·

孙宏艳 中国青少年研究中心少年儿童研究所所长、研究员，兼任中国青少年研究会副秘书长、中国青少年研究会少先队专业委员会主任、中国少先队工作学会少年儿童专业委员会副主任、中国预防青少年犯罪研究会常务理事、中国教育学会家庭教育专业委员会理事，第十届全国青联委员、中央电视台少儿频道特约评审专家。

先后主持了"多元文化与青少年的成长""中学生游戏与快乐成长""新媒体与少年儿童社会化""数字阅读与少年儿童成长"等多项国家级、部级研究课题。个人出版了《改变孩子一生的 8 种教育智慧》《小学生的 15 个好习惯》等专著，与他人合作出版了《数字时代的儿童成长》《孩子健康生活的 6 个要领》等多本书籍，并在多家报纸、学术期刊发表文章或论文，论文曾获得中国教育学会特等奖。

第2讲 通过家庭培育青少年健康网络素养

刘 燕

中国教育学会工读教育分会副秘书长

要点采撷

◎ 家庭是安全的港湾，当孩子因过度使用网络而影响学习和生活时，家庭应首先将孩子拥入开放、持续、坚定、温暖的怀抱。

◎ 游戏的过程也是儿童社会性发展的过程，在其中，儿童的社会性得到发展，能够更好地学习人际交往的方式与规则，学会合作。

◎ "积极肯定"能够帮助孩子确认自身的感受，正确评估自身能力；还有助于儿童树立自信心，逐渐形成对未来的掌控感，从而更好地实现人生目的。

今天，我们能听到许多家长抱怨孩子在网络上花费了太多的时间、孩子的自控能力差，关于网络使用经常成为亲子冲突的导火索。随着孩子的不断成熟，越来越多的家长认为孩子不再像小时候那样听从安排，网络耽误了孩子太多"做正事"的时间，还带来了很多的"恶果"，比如孩子不愿意交际、冷漠叛逆等。而当我们去询问孩子时，发现孩子们也在抱怨家长的落伍，家长对于他们的不理解，以及网络能带给他们的那些家长不能给予的感受，比如网络让他们觉得在任何情况下都会收获关注，觉得自己总是能够被听到，觉得自己永远不必独处。

综观存在问题性网络使用的孩子，他们有一定的心理健康问题是不可忽视的现实。虽然网络的确提供了一个获取关注、支持和保护的空间，但个体最终还是要回归到线下的生活中来，这也同样需要心理能量的支持，而这种回归也需要从家庭教育的角度入手。

因此，我们今天就从心理健康的视角来探讨在网络时代，家庭如何促进青少年健康网络素养的形成。

一、互联网时代对网络心理健康素养提出新要求

互联网发展的新趋势对青少年的网络心理健康素养提出了新的要求。

1. 甄别与选择性

互联网是相互交流沟通、相互参与的平台，其难以被掌握和控制，这种特点赋予了互联网传媒前所未有的开放性。这就要求用户在面对网络信息时能够保持基本的甄别与选择能力，这种甄别与选择能力根本上取决于个体是否明确自己的内在需求。个体对于信息的注意很多时候是无意识的，如果个体能够明确自身的内在需求，那么这种无意识的过程便能够在一定程度上得到意识化的处理，即个体能够从内在需要的角度出发调整对认知资源的分配比例，实现对网络信息有意识的甄别与选择。

此外，这种选择还意味着个体具有独立和健康的选择能力，即能够尽可能地减小外界无关刺激的影响，对自己的内在需要做出独立评估与判断，对环境中的中心问题进行评估，拥有辨别信息真伪、做出价值判断的能力以及对负面网络信息的免疫能力。而这对于青少年来说，是一个巨大的挑战。

2. 开放与接纳性

互联网几乎从诞生之始，就是为人类的交流或者信息的传播服务的。用户的开放与接纳性主要表现为对网络信息的包容能力，这种能力本质上是个体对自己内心感受和情绪的分辨与接纳能力，对陌生信息的容忍与探索能力，以及对不确定性的涵容能力。开放与接纳是在甄别与选择的基础上进行的，具体表现为喜欢接触新的信息，愿意体验新信息带来的新感受，探索与寻求新刺激以不断丰富体验，等等。

保持开放和接纳性要求个体跟随时代潮流，不断地取势、明道、优术，不断提升自己，创造价值。

3. 学习与运用性

网页的本质是以各种形式呈现的信息出版物，学习与运用网络能力是网络社会的基本技能，而这种技能也能够不断促进学习的发生。

这要求个体不断提升自身的认知能力，掌握网络时代学习的特点，充分利用网络资源进行学习，实现经验的积累和行为模式的发展。

4. 审美与创造性

网络审美能力的心理基础是个体能够体验到深层的情绪状态，能将不同的情绪状态区分开来，在感受与体验的基础上，实现对网络内容的享受、理解和欣赏，并通过对网络信息的评判，不断进化，形成更为完善的对事物的看法。

网络创新能力是个体发散思维、聚合思维以及决策能力的体现，要求儿童青少年在接受网络信息的同时，结合自身已有的知识和技术进行再创造，在互动传播过程中能提供有效的、负责任的媒介信息，最终获得运用创新思维、创新方法、创新工具，创造性地提出新设想并解决新问题的能力。

5．管理与发展性

网络信息传播拥有相当程度的匿名性，因此现实生活中的道德规范和行为准则的引导与约束作用在一定程度上被削弱了。部分儿童青少年会发表情绪化、冒犯性、攻击性言论甚至极端言论，恣意宣泄个人负面情绪，在网络参与中未能表现出与其身份相符的理性、文明和修养。此外，还有部分儿童青少年存在自律性差、上网无节制的现象。

网络管理能力主要包括网络情绪管理和网络行为管理两个方面，主要表现为能以积极正面的精神状态、情绪状态参与网络活动，遵守网络社会的道德规范，养成正确的网络道德观，自觉遵守网络法律法规和行为规范，并可以为自己的网络消费做决定，能够有节制地使用网络，促进自我意识的发展。

网络的发展性主要体现在，个体能够在更广的领域和更高的层次上利用网络为自己的成长和发展服务，从而不断促进自我的完善和全面自由的发展。

二、家庭教育直接影响青少年网络素养水平

能力的形成与发展取决于心理，青少年网络素养水平往往是其现实学习生活中心理行为状态在网络世界的表现，即青少年网络素养水平是心理行为状态的表现形式之一。因此，培养和提升青少年的网络素养也需要从心理层面入手，固本培元。

影响青少年网络素养提升的因素主要有：①问题性网络使用（Problematic Internet Use，简称PIU）。它是指对个体的心理健康、社会适应、学习和工作等方面带来不良影响的过度网络使用。调查显示，我国儿童青少年 PIU 的检出率约为5.40%。②认知水平和思辨能力。网络的开放性使得网络上的信息水平参差不齐，儿童青少年的思考辨别能力尚未发展完成，对信息的辨别能力差，不能完全分辨信息的好坏及其背后所代表的思想意识和价值观。③自我管理和自我控制能力。儿童青少年往往对于自我行为可能造成的结果不能进行正确的评估和预期，对自身的能力也不能进行正确的估计，因而常常不能进行有效的自我管理和自我控制。此外，从众也是影响其自我管理和自我控制的重要因素。④情绪管理与调节能力。情绪管理和调节能力差的个体，会更容易出现心理行为偏差，尤其是成瘾行为。

以上因素都可以追溯到儿童青少年的家庭教育层面，对于

他们来说，家庭是其活动和交往的直接环境，对其影响最为直接和持久。当家庭不能满足他们的基本心理需要时（如关系需要、成长需要等），儿童青少年出现心理行为问题的可能性就会增加。

三、家庭教育问题的主要表现形式

1. 带着"假面"的家庭忽视

家庭忽视主要是指家庭内部对于儿童青少年心理需求的忽视，是指有那么一些"事情"，在无意识中对孩子的心理及生活产生持续性的消极影响，只不过这种影响的产生不是因为发生了不该发生的事情，而是因为应该发生的事情没有发生。这种忽视可以以有意识或者无意识的方式出现。

在一个家庭中，当孩子的心理需求长期得不到父母足够的认可、接纳和回应时，孩子便学会了去隐藏或者压抑他们的真实感受，家庭忽视的负面影响就发生了。

美国麻省大学波士顿分校爱德华·特罗尼克（Edward Tronick）博士曾经做过一项名为"无表情面孔"的心理实验研究，特罗尼克博士用视频记录了一位母亲与其一岁大婴儿的互动过程。起初，这位母亲十分愉悦，对婴儿的行为也做出积极的回应；随后，这位母亲板起脸来，婴儿注意到了母亲表情的变化，一开始试图用微笑重新建立与母亲的互动，然而母亲不为所动，在数次互动失败后，婴儿开始把手指向母亲尖叫，最后哭了起来。这项实验显示，一个孩子在婴幼儿时期就能感知母亲的情感，他们对于情感冷漠是极为敏感的。

家庭忽视往往会带着"假面"出现，例如——

> 当孩子出现不开心、焦虑等消极情绪时，家长会说："你小小年纪，有什么忧愁呢？"
>
> 当孩子有需求时，家长往往漠视或者不能正确满足，没有人来问一问孩子"你需要什么？"
>
> 家长"自以为"了解与关心孩子，其实给孩子的东西并不能满足孩子的需要。
>
> 家长工作繁忙，很难有一段时间能安静地陪在孩子身边。

很少有人意识到，心理忽视是一种不见外伤的"虐待"，这种"心理虐待"往往是漫长的。

没有陪伴的孩子，就没有存在感。情绪感受和心理需求经常被父母忽视或者误读的孩子，会接收到这样的信息——情绪是不重要的，需要是错误的，我是不被接受的……对于很多孩子来说，这种忽视会成为其人生的底色，影响其生活的方方面面，他们时常无法感知到自己真实的情绪，意识不到自己的情感需求或者害怕表达自己的需求，他们难以确认自己要什么，难以感受到自身存在的意义和价值，习惯性地自我贬低。

在家庭中被忽视的孩子就像一条待在没有水的水族箱里的鱼，很容易转向网络寻找存在感和支持与认同。

2. 极端的教育方式——溺爱 & 严惩

溺爱是一种温柔的抛弃，严惩是一种残酷的拒绝。溺爱和严惩是当今常见的两种教养方式，即放纵型和专制型。

溺爱型的家长对孩子表现出很多的爱与期待，但是很少对孩子提要求和对其行为进行引导、规范和控制。在这种教养方式下长大的孩子，容易出现心理行为发育缓慢、自我控制能力差、界限感差等问题，表现为依赖、任性、冲动、幼稚、自私，做事没有恒心、耐心等。溺爱在无声无息中剥夺了孩子学习与成长的权利，一个不具备能力的孩子只能终生依偎在父母身边，一直做一个"婴儿"获取父母的照顾以维持生存。

严惩型的家长要求孩子无条件服从自己。在这种教养方式下长大的孩子，会较多地表现出焦虑、退缩等负面情绪和行为，相对于放纵型的教养模式下的孩子，他们会比较听话、守纪律。然而长期在这种"专制"下，孩子容易形成消极对抗、自卑、焦虑、退缩、依赖等不良的性格特征。

网络的易接近性、易获取关注和即时回应性以及易掌控性，对于在这两种教养模式下成长的孩子，往往有着难以抗拒的吸引力。

3. 剥夺现实游戏的权利

这里的游戏指身体不同部位，或者是整个身心参与到与实物玩具或游戏活动的互动过程中。游戏是儿童通过感知觉发展认知、情绪情感和行为的最重要的途径，通过这个定义我们可以发现感知觉在这一过程中的重要作用。

在游戏的过程中，儿童能够感受到光滑、粗糙、柔软、坚硬等不同触感，能感受到大小、重量、长度、形态等不同属性，能够感受到温暖、冰冷、湿润、干燥等不同状态……游戏的过程，就是儿童探索环境、实现积累经验和行为改变的过程。

游戏的过程是儿童娱乐放松和宣泄情绪的过程。在游戏的过程中，儿童可以通过多种多样的游戏形式满足现实中不能满足的愿望，对其未能满足的心理需求进行补偿，例如，孩子可以在模拟游戏中游历未曾去过的地方，品尝未能吃到的食物。同时，在游戏的过程中，儿童可以通过身体的运动宣泄过剩的精力。

游戏的过程也是儿童社会性发展的过程。随着儿童的成长，游戏形式往往从单独游戏发展到同伴间的游戏，在这个过程中，儿童的社会性会得到发展，能够更好地学习人际交往的方式与规则，学会合作。

现实中，家长为了让孩子掌握更多的所谓"知识"，会侵占孩子玩游戏的时间，剥夺孩子玩游戏的权利。这样一方面会损伤游戏给孩子带来的获得感，另一方面对游戏的渴望会使某些孩子在进入青春期后，寻找各种游戏方式，比如网络游戏。而网络游戏提供的娱乐形式单一，且其架构远离儿童所在的现实世界，不能完全满足儿童的心理需求，还会在视听刺激中不断提高儿童的兴奋度，影响其对现实环境的适应。再者，网络游戏多是在虚拟空间中进行，单一的游戏形式不利于儿童社会性的发展，即便在网络上能够构建一定的关系，但这种关系如果不能成功转化为线下的社会支持，那么便不能真正满足个体的交往需求，驱散其孤独感。

4. 充斥家庭的非正式交流

非正式的交流是指父母与孩子之间不平等、不正规的交流。典型表现有——

> 父母认为孩子不是独立的个体，在沟通交流过程中将孩子置于被动接受的状态，不允许孩子发表意见或一味地否认

孩子的意见；

态度粗暴、独断专行地对孩子下达指令，要求其必须做到；

认为孩子还小，不需要孩子参与家庭问题的讨论与决策；

在与孩子交谈的过程中一直打岔或者同时做其他的事情，比如玩手机、处理工作事务、整理家务等；

......

沟通交流是家庭教育最主要的方式之一。正式交流是一种具有"仪式感"的交流，这种"仪式感"会使交流双方意识到谈话的重要性，更能感受到诚意，同时也有助于孩子对于谈话结果的落实和执行。

父母与孩子沟通顺畅的家庭往往亲子关系较好，孩子往往不需要父母督促而主动地学习、上进。同时，通过有效的沟通交流，父母可及时了解孩子的内心世界，不断调整教育策略以给予孩子正确的引导，这对孩子的身心健康发展非常有利。

当一个家庭充满非正式的交流，孩子会产生被忽略、被排斥，不被尊重、不被接纳的感觉，这可能直接导致一些孩子沉迷网络；毕竟在网络世界里可以寻找到很容易沟通交流的对象，获得在现实生活中难以得到的被尊重、被接纳的感觉。

5. 正面肯定的缺失

一直以来，中国人都很讲究含蓄，表现在家庭教育上就是家长很难给予孩子正面的肯定。比如在《红楼梦》里，贾政对于宝玉为大观园题匾额内心是十分称赞的，但是无论贾父内心多么满意，表现出来的或者微笑不语，或者似贬实褒，总之是不肯直接赞美宝玉。

今天，这种情形在家庭是非常普遍，当面对孩子取得的成绩时，家长第一反应是"不要骄傲""你还可以做得更好""还有改进空间""你这样做会更好"……仿佛取得的成绩与进步不过是最平常、最偶然不过的事情。

"积极肯定"对儿童青少年的发展起着重要的作用，它能够帮助孩子确认自身的感受，形成对自身能力的正确评估，建立正确的预期；并且有助于儿童青少年树立自信心，形成对未来的掌控感，能够更好地为实现目的而付出努力。

不能正面肯定他人，本质上反映的是个体不能积极地接纳自己，对自己没有信心；而个体的自我接纳与自信的获得，与其在成长过程中获得来自家庭积极的认可有关。一个对自己不接纳的家长也很难接纳自己的孩子。

积极肯定的缺失是青少年在网络上寻找情感依赖的重要原因。在以指责为主的家庭氛围中成长起来的孩子往往更敏感、更脆弱，他们需要一个相对自由的途径来释放情绪，获取回应和支持，而网络世界的确能在一定程度上满足他们的需求。只是，这种满足本质上是一种逃避，并不能真正解决其心理支持的缺失。

四、家庭教育"入心"，帮助孩子提升网络素养

1. 抱持性的家庭氛围，稳固孩子的积极情感

家庭是安全的港湾，当孩子陷入问题性网络使用而影响学习和生活时，家庭第一件要做的事就是把孩子拥入怀抱。这种拥抱应该是开放的，是持续、坚定的，是温暖的。

首先，家庭的拥抱应该是开放的。当今青少年所处的时代相较于其父母的青少年时代有了很大的发展，无论是科学技术层面还是社会文化层面，都带有这个时代的特点。青少年正值青春期，他们对于世界的感受和理解有自己独特的视角，因此，父母面对孩子的成长与发展要持有开放的态度，接纳孩子的状态与观点，特别是在孩子出现问题时，父母的接纳对于盲从的孩子更为重要。这种接纳能给孩子提供安全，提供信心，提供勇于面对挫折的力量，从而提升对正确事物的甄别能力。

其次，家庭的拥抱还应该是持续而坚定的。这意味着，无论孩子的发展出现了怎样与家庭期待相反的偏差，父母都要毫不迟疑地拥抱他，坚定地不放弃。父母不放弃的态度会让处于问题中

的孩子意识到自己对于父母与家庭的意义和价值，这将为他提供改变现状的动力。

最后，家庭的拥抱必须是温暖的。这一点需要父母和家庭其他成员一起努力。温暖是家庭拥抱是否成立的重要指标，没有温暖就不构成我们在这里所说的拥抱。一些家庭面对出现问题的孩子，指责、抱怨，甚至采取暴力方式，让孩子感受到的是冷漠，是嫌弃，孩子会认为，父母是不喜欢他们的，是不爱他们的。有的孩子说："我怀疑自己不是他们（指父母）亲生的。"这种没有温度或者说低温的家庭氛围，会阻碍孩子问题的改善以及家庭情感关系的修复。

2．讨论并建立家庭规则，提高管理与审美素养

家庭规则的建立使孩子能保持在其内在的成长轨道上，即便出现问题也不至于偏离得太远。家庭规则的有效执行会形成孩子好的行为习惯，直接作用于孩子的自我管理水平，以及形成对美好生活的审美能力。家庭规则主要有长期的和阶段性的两种形式，家训就是有代表性的长期规则，即家庭全体成员世代以家训为准则；阶段性的规则主要是根据孩子的年龄特点设立微观的规则，旨在帮助孩子完成社会化过程。

对青春期初期与中期（9~16岁）的孩子来说，可以通过制定规则来避免孩子出现问题性网络使用，提升其甄别和选择能力，

但确立规则需满足以下条件。

（1）与孩子共同讨论制定家庭规则。规则是要孩子来执行的，用著名儿童心理学家皮亚杰的观点来解释，孩子在早期是限制性道德发展阶段，父母的要求就是最权威的，必须执行，因此在幼儿期及童年期基本上父母设立规则，孩子就会遵守，因此我们常常会听到家长说我的孩子小时候可听话了。但到了青春期，孩子向合作性道德阶段发展，逐渐发展出道德信念，他需要理解和认同规则，才能自觉遵守。因此，这时和孩子讨论规则，就显得非常有意义了。同时，在讨论中父母能获取与孩子进一步沟通的机会，便于双方对彼此的观点有深入的了解。

（2）要把规则向孩子解释清楚。青少年认知还在发展中，他们对一些词汇和概念的理解能力有限，有时不能从根本特征上掌握概念，或者虽然掌握了但不一定能够与行为准确地结合起来。这就要求家长对规则进行详细的说明，在孩子违反规则时，要听孩子的解释，找到孩子理解上的偏差，再向孩子讲解清楚。这样反复地进行，直到孩子可以准确地理解和执行规则。

（3）召开家庭会议。这是讨论与贯彻家庭规则的一种好形式。孩子出现问题表面上看是孩子的问题，实际上问题出现在家庭中。家庭会议让家庭全体成员共同面临家庭问题，特别是在制定规则、规定家庭成员如何执行规则，以及对执行家庭规则结果进行评估和奖惩等方面，家庭成员需要一起讨论，方便共同执行。家庭会议也是和孩子正式交流的方式，表明事情很重要，以及家庭要正式面对问题的决心。有些家庭制定规则时很随意，孩子会认为"父母那么一说，并不是认真的，所以我也不会太在意"，这让孩子不能明确父母的态度，或是为自己不执行规则找到借口。定期召开家庭会议也方便对家庭执行规则的情况进行评估和及时的鼓励。

3. 通过社会支持提高开放与接纳性

亲子关系紧张的孩子在面临问题时，容易把自己封闭起来，而选择网络作为其主要的交流形式。想要打开他们通往现实世界的通道，需要多方面支持，尤其是来自家庭的支持。

这种支持还包括父母之外的其他家族成员的支持。当孩子与父母沟通不畅时，可以去寻找家族内其他成员，比如孩子的叔叔，比他大一些的表哥表姐。这位能交流的家族成员的条件是：其一是具有包容性，其二是孩子愿意和他交流。请他与孩子沟通，了解孩子的内在需求和苦恼，给孩子以接纳。

朋辈支持也是其社会支持的重要来源。孩子周围要好的朋友可以提供正面支持的力量，这种力量主要来自于能够沟通、提供接纳和传递正能量。

寻找专业人士的支持也是一种有效的手段。这包括老师、心理工作者、其他专业人士的支持与包容。例如，可以请孩子信任的老师，或者是经过心理工作训练的老师来提供帮助。如果孩子有某些学科的偏好，可以邀请对应学科的专业人士来提供帮助，也可以帮助孩子找到替代网络的其他支持性的路径。比如，一个热爱游戏的孩子，在与游戏设计者的互动中了解到设计一款游戏需要的能力，其中涉及知识、技能以及完成设计需要的意志品质，能够促使其形成学习的内在动力，从而走出对某种游戏的痴迷。

4. 保持正式交谈，提高孩子理性思考与选择的能力

当孩子还是幼儿时，家长就可以和孩子有正式的谈话了。所谓正式，就是和孩子在一个高度上，脸对着孩子的脸，眼睛看着孩子的眼睛，或是他的脸，用平和的语气同他进行严肃而充满信任与爱的交谈。无论是何种类型的问题或亲子冲突，家长都要以这样的方式和孩子进行沟通，特别是当孩子认为自己受了伤害的时候，更要一边拥抱，一边和孩子轻声地沟通。

孩子进入青春期后，要独立思考，要独立自主。这时的父母，更要特别关注孩子的心理变化，经常性地和孩子在一起，认真地、专注地听孩子讲他的观点，同孩子做观点的讨论。

当孩子出现一些较严重的问题时，比如孩子因网络游戏而不能正常学习时，父母不能一味地说教，那样只能让孩子越走越远。俗话说，磨刀不误砍柴工。有诚意的沟通才是有效的沟通。

正式交谈有三个原则——

第一，正式交谈不是一言堂，而是一种平等的交谈。要有正

式交谈的环境，环境应该是安静的，是可以专注神情的，不可以播放着电视，不可以看着手机或接听手机，也不可以边做饭（做事）边交谈。一定是一个专注于谈话的情景，这样才能引起孩子对谈话的足够重视。要有至少和孩子平等的聆听时间，让孩子听父母的话，父母就要听孩子说，这才叫平等。

第二，谈话的音量是细雨轻风，不是狮子吼。出现问题的孩子会有许多焦虑，因此是敏感的。这时如果家长带着情绪和孩子交流，甚至对孩子大喊大叫，是不会有好的沟通效果的。家长在谈话前先做好心理准备，用轻声的状态来和孩子交谈。轻声谈话会给孩子带来安全感，轻声也会让孩子更专注于你们的交谈。轻声交谈是一个非常好的沟通策略。

第三，温暖的神情要不断保持在孩子身上，不能是只有：你看着我！正式谈话会让孩子感受到被尊重，让孩子感受到爱。在谈话中父母的眼神非常重要，俗话说眼睛是心灵的窗户。父母用眼睛传递着给孩子温暖和爱，只有爱，才能修复同孩子的关系。

正式谈话，这种平等的理性的问题讨论形式，会促进孩子理性思维，提高解决问题的能力，帮助孩子学会做出正确的选择。

5. 及时肯定，注入优质心灵蛋白

肯定孩子正确行为和表现出来的积极品质，是一种有效的培养方式。不断、及时地欣赏和赞美孩子优良的行为品质，是促进

孩子向正确方向发展的重要方式。

当孩子开始进入调整的状态并出现好转时，并不代表事情的终结，这只是一个新的开始，还有许多由困难、障碍构成的难题等待他去解决。孩子所面临问题的难易程度应该由孩子来判断和评估，对其评估结果成年人不应该妄加指责。比如，孩子说我控制不了自己想玩手机的冲动，此时父母不能简单归因为孩子在找借口，而要肯定孩子能坦率地说出困难这一行为，并和孩子讨论具体应对的方法。也就是说，我们首先要善于发现积极的因素，接纳孩子所表达的困难。

在问题解决的过程中可能要面对孩子的反复。改变行为方式是一个漫长而艰辛的过程，发展也是一个曲折迂回的过程，不可能一蹴而就，在改变和调整的过程中，孩子难免会出现反复。对于这种反复，家长要提前做好准备，当孩子出现反复时，要看到孩子反复中进步的部分，坚定地给予支持。

五、两位青少年的故事——学会选择，回归现实

1. 找到价值，失去了学业——网络游戏高手，重回课堂上大学

永敢，男生，18 岁

我上初二前学习不错，但是一个假期接触了游戏，瞬间被游戏所吸引，一下子玩上就停不下了。开始父母不让玩，我知道一定是这样的结果，从小父母就不让我玩游戏，我无论玩点儿什么父母都如临大敌，从小学到初一我都被这样管着。我喜欢玩，看到别人玩玩具我就差流口水了。但那时我太小。现在我发现了新的玩法，再也控制不住自己了。周末玩一次，我会用一个星期的时间去回顾、去设想再玩时如何打过某一关。后来我想办法上网玩游戏。父母就在意我的成绩，好像我的存在就是考分数，分数好就要吃有吃、要喝有喝，分数差一点儿就一无是处。然而在游戏里因为我打得好，被团队成员大大赞扬，我越打越勇，一直打到管理员，我还成了许多人羡慕的人才。当然代价是我没时间去学校了，一晃高二了，我父母急坏了。可谁也说不动我，我认为我的价值感都体现在游戏中了。

不过隐隐地，我也开始为自己的未来担心了，我有时会突然想到这样下去看不到自己的未来，此刻我非常恐慌，多希望有人跟我谈谈，可父母见到我永远都是说我不该怎样、我有多么不可救药，我怎能跟他们说我害怕，那不失了我男子汉的尊严嘛！

不过父母是爱我的，那是在见过一位心理老师后我才知道——他们一直在寻找解决问题的方法。心理老师问了我最关注的问题：你满意你现在的生活状态吗？我先说满意，因为我有成就感，因为这是我的选择。老师追问我一句：真的满意吗？我马上沉不住气了——我真不满意，因为我不知我如何面对未来的生活，我心里还是想和其他同学一样能上大学。心理老师居然坚信我说的是真的。她让我自己来做一个选择，之后说一下达成的方案。我脱口而出：上大学。这话一出，我就有了方案。那天回家后，爸爸与我进行了第一次男人和男人之间的谈话，爸爸的认真态度让我感受到从未有过的尊重。我坚定了自己的决定，爸爸也明确了对我的要求，我接受了爸爸的这些要求，因为从爸爸那坚定而充满爱的语气中，我感受到的是一种信任。

时间很快过去了，我回到学校，考上了大学。如今回想这段经历，还为自己考大学的决定叫好。在反思中我认为学会理性思考，才能做出正确的选择，而这些与父母对我的爱是分不开的。

2. 游荡的我，放弃了所有——父母恩爱了，我在了，可以回学校了

子岩，男生，15 岁

自述——

　　我似乎一直都比较迷茫，不太清楚父母为什么对我的要求和对弟弟的要求不一样，从小妈妈就告诉我我是哥哥，应该照顾弟弟。妈妈定了规则要每天按时写作业，我非常遵守妈妈的规定，可是弟弟却不执行，我管他他不会听，妈妈回来了，我向妈妈告状，妈妈从来不会支持我，反而说是我没有照顾到弟弟。我喜欢安静，弟弟却经常吵闹，弟弟打游戏，我管他，弟弟不听，弟弟打游戏的声音让我特别烦，所以我急的时候会打弟弟。妈妈知道了，肯定批评的是我。我曾经多次和爸爸说这些事，爸爸也不管，我觉得自己很孤单。

　　后来，我也开始打游戏，逐渐发现游戏会让我暂时摆脱烦恼的心境，后来就越来越离不开游戏了。一段时间后，我发现上课老师讲的内容我开始接不上了，听不懂了，学习成绩开始下降了。烦，不知该怎么办。当我面临这些问题时，爸爸妈妈却不停地吵，有一次他们吵的时候我大喊：别再吵了！妈妈说，你喊什么，还不都是因为你！我愤怒了，你们吵架，让我担责任，我找你们帮助支持的时候，你们什么时候在意过我？！我更加疯狂了，不上学了，没了朋友，没了学习，能不出去就不出去，没白天没黑夜地打游戏，在游戏中我能有事可做。偶尔看到我所住的小区有我这么大的孩子上学放学，心里有种说不出的难受，我已经到了无路可走的地步。

妈妈说——

我是子岩的妈妈，面对子岩不上学在家打游戏我一点办法都没有，我每天上班特别忙，回家没有力量去管孩子的事情，子岩小时候是个负责的孩子，弟弟不听话他会去管，可是他一急就会打弟弟，我不能养成他打人的坏毛病，所以我会说他不可以打弟弟。后来发现，他开始不管弟弟了，甚至自己也开始打游戏。我老公家里的事都不管，因为孩子的事情我没少跟他吵，吵的结果是更不管，我孤立无援，我觉得老公无能，提出跟他分手。在我们吵架期间，孩子的问题更严重了。

爸爸说——

我是子岩的爸爸，我想在家庭里养家是我的责任，孩子的教育是孩子妈妈的事情。我工作本来就很累，孩子妈妈一让我管孩子我就烦，孩子也不听我的，甚至有一次我大声说子岩，子岩就冲到我的面前，对我大声喊：你为什么要管我！我的心都抖了起来：这哪是我的孩子？！从此，我更不管孩子了，也可以说更不敢管孩子了。我想，我可能不适合家庭，我有和家庭分开的想法。这时孩子妈妈更和我吵了。有时我想，也许我真的要和孩子妈妈分手了。

后来学校为我们做心理工作，开始我们彼此推卸对孩子管教的责任。后来我们发现原来我们是因为爱才在一起并有了两个孩子，我们不能分开。在孩子问题上其实我们也不孤单。我们是一个家庭，我们有了力量，我觉得我可以直接面对自己的孩子，无论他出什么问题。

子岩说——

爸妈他们不吵了，家里的气氛开始有了变化，不知为什么，我觉得心有了温度。更重要的是爸爸带我去散步，散步时爸爸说：一直以来没有告诉过我他非常在意我，他说出许多我成长中的细节，这让我非常吃惊。爸爸还告诉我有选择如何学习的权利，他相信我是可以为自己负责任的。这次认真的对话对我来说太珍贵了。我忽然觉得自己是大人了，怎么能只想自己的现在，我是这个家庭的一分子。我忽然觉得家人是那么重要，和家人在一起的感觉是那么的美好。过了几天，我做了一个重要的决定，我要去学校，我要和父母弟弟在一起。这时游戏已经不重要了，我为自己的选择而自豪。

· 作者简介 ·

刘　燕　教育一线心理工作者，国家二级心理咨询师。在工读学校从事问题学生心理工作近三十年，主要研究和实践的方向是问题青少年的心理特点、表达特点与实施有效的心理辅导。经历了上千个重难点问题青少年个体或团体心理辅导，以及家庭辅导。曾任北京市海淀区青少年心理健康教育中心主任，海淀区教师心理健康服务中心主任，海淀区工读学校心理中心主任，现任中国教育学会工读教育分会副秘书长，中国预防青少年犯罪研究会理事。

第 3 讲　如何当好数字时代的父母
—— 一份给家长的数字教养指南

曹建峰

腾讯研究院法律研究中心高级研究员

王　丹

腾讯研究院法律研究中心助理研究员

要点采撷

◎ 父母教养未成年子女的焦点需要从线下向线上转变，应更加重视家庭教养 2.0，即所谓的数字教养（digital parenting）。

◎ 家庭交流和家庭环境是十分重要的，需要父母和孩子共同参与，需要父母和孩子共同学习（co-learning）。

◎ 父母在其未成年子女使用网络和数字媒体过程中，应给予适当的指导和引导，帮助塑造儿童的数字文化和数字公民形象。

一、数字原住民：网络和数字媒体已成为儿童成长不可或缺的一部分

在过去的二十多年，互联网及其催生的产品和服务，深刻影响了人类社会的方方面面，交流和交往不断在线化。生活或者出生在其中的儿童和未成年人亦不可避免地受到影响。《数字原住民》（*Born Digital: Understanding the First Generation of Digital Natives*）一书提出，今天的儿童和未成年人已经是数字原住民，网络和数字媒体的使用与他们的成长息息相关。作为网络原住民，他们在以新的方式思考、互动、学习和交往。他们被称为划屏者，在积极参与娱乐和信息的分发。在一些重要的事物上，年轻人成为权威，从工作场所到交易，从教室到卧室，从投票站到总统办公室，年轻人在改变一切。

《第八次中国未成年人互联网运用状况调查报告》显示，自2011 年以来，我国未成年人互联网接触率持续保持在 90% 以上，而且首次触网年龄呈低龄化趋势，56.4% 的未成年人首次接触互联网是在 10 岁以前，互联网继续向低龄人群渗透。不可否认，一方面互联网对未成年人的积极影响是多方面的，网络和数字媒体已然成为儿童成长不可或缺的一部分。但另一方面，儿童在网络世界中还面临着一些问题，诸如网络色情和暴力、网络欺凌、网络欺诈、不良上网行为和习惯、网络游戏过度使用等问题影响

儿童身心发展。在这样的背景下，世界各国都注重儿童网络保护，不同程度地建立了未成年人网络保护制度，从立法、行政监管、行业自律等多角度出发，全方位地保护儿童上网安全和上网权利。

二、数字父母：交往的数字化和网络化呼吁家庭教养 2.0（数字教养）

在儿童网络保护上，父母的作用和角色却被忽略了。事实上，对于儿童的网络和数字媒体使用，最直接的也是最重要的调停者（mediator），是父母，而非政府、学校、互联网企业等其他主体。在儿童网络和数字媒体使用习惯的塑造上，父母发挥着核心作用，但前提是他们需要成为合格的数字父母（digital parent）。研究表明，父母确实影响儿童的身心成长。另一项研究表明，父母对孩子提问和活动的反应显著影响父母子女依恋关系，而这在数字媒体的使用过程中指导着儿童的感知、情绪、思考和期待。更进一步，认知能力、伦理价值、防卫能力、情绪情感等儿童在某个发展阶段的特征是多种因素以复杂方式作用的结果，最重要的六个因素包括：（1）先天的生理模式即所谓的脾性；（2）父母教养和人格；（3）就读学校的质量；（4）与同辈的关系；（5）在家庭的排序；

（6）童年晚期和青少年早期度过的历史时期。这些研究足以表明，好的数字教养在儿童数字成长中具有重大意义。

父母有责任积极参与到未成年人的教育当中，而这理所应当包括对未成年人上网行为和习惯的管教和引导。父母教养未成年子女的关注焦点需要从线下向线上转变，应更加重视家庭教养2.0，即所谓的数字教养（digital parenting）。这一方面是因为儿童的成长和发展已经日益离不开网络，另一方面是因为家庭生活日益媒体化，电脑、平板、手机等各种交互式设备占据了大量的家庭生活时间。

然而现实是，很多父母缺乏对其未成年子女进行数字教养的意识，或者不知道如何做好数字父母。譬如，笔者此前曾在网上看到一个广为流传的小视频，场景中，当把智能手机交给那个小孩，他立即就不哭了；当把智能手机从其手中夺走，他立马就放声大哭。手机越来越多地被作为让儿童"闭嘴"、冷静下来或者占用其注意力的一个"封口玩具"。此外，网络和数字媒体的弥漫带来了共同在场（co-presence）问题，即彼此虽然处在同一物理空间，但却忙着各自的网络交往。父母和未成年子女独自使用数字媒体的时间变多了，他们进行交流的时间变少了，他们之间的"品质时间"也就成了稀有之物。但是家庭交流和家庭环境是十分重要的，需要父母参与，需要父母和孩子共同学习（co-learning）。共同学习对于网络和数字媒体的使用尤其重要，因为孩子作为数字原住民，比作为数字移民的父母更加熟悉网络。

三、数字父母调停、干预未成年子女网络和数字媒体使用的几种方式

所谓数字父母，是指在其日常活动中使用一个或者多个数字媒体应用／设备的父母，尤其是在子女教养中。如前所述，在未成年子女的网络和数字媒体使用过程中，父母是最直接、最重要的调停者和干预者。数字父母的调停、干预作用受多种因素影响，包括数字技术的实践，比如可负担性、对技术优势与陷阱的认知等。

研究表明，对于未成年子女的网络和数字媒体使用，数字父母通常采取以下三种调停方式。其一，限制性调停，涉及对内容的规则认定和禁止，比如禁止浏览、访问某些内容。其二，指导性调停，意味着父母建议并指导什么可以看，什么不可以看。其三，共同浏览，父母和未成年子女一起体验数字媒体，这被年龄较大的未成年人认为是直升机式的教养，"直升机父母"由此得名。

父母调停的方式因性别、父母／儿童年龄、受教育程度而异。比如，在媒体使用方面，母亲比父亲更多采取调停措施。再比如，研究表明，在游戏使用方面，男孩和年龄较小的青少年相比女孩

和年龄较大的青少年受到更多的限制和控制。然而，另一项研究表明，就一般互联网使用而言，父母调停更多针对的是年龄较小的子女或女孩，而非年龄较大的子女或男孩。父母调停的需要随着未成年子女年龄的增长而减弱，年龄较大儿童的父母相比年龄较小儿童的父母更少采取调停措施。此外，受教育程度显著影响父母调停的方式，受教育程度较低的父母更多为其未成年子女的互联网使用设定更多的内容限制。更进一步，具有更多计算机或者互联网技能的父母更加意识到数字媒体的安全问题，常常在电脑和其他设备上下载安全和保护软件，确保未成年人的网络安全。

归结起来，在数字教养中，父母不是单纯在家庭中限制儿童的网络和数字媒体使用，而是担当中间人，帮助儿童数字文化（digital culture）的在线呈现和言谈。这意味着父母在其未成年子女使用网络和数字媒体过程中应给予适当的指导和引导，帮助塑造儿童的数字文化和数字公民形象。父母中间人的角色，在定位"当然"这一概念时，应处理意识形态这一紧张关系：交互式设备的触摸屏或者未成年子女的数字敏捷（digital dexterity）。

四、对儿童和未成年人进行数字教养的方法论和指引

如前所述，父母对其子女的教养不能继续停留在线下模式，

需要向家庭教养 2.0 转变，加强数字教养。在这一方面，美国、欧盟等国家的行业组织发挥了重大作用。比如，美国的非营利机构家庭网上安全机构（Family Online Safety Institute）通过研究报告、父母指引、指南文件等多种方式，帮助父母做个合格的数字家长（Digital Parents）。

（一）培养数字教养技能

加强对技术和网络活动的了解对于在数字时代为儿童提供指引是非常重要的，美国家庭网上安全机构意识到了这个问题，并创建了"怎样成为好的数字父母"项目，旨在引导父母和其他监护人能够自信地和孩子一起浏览网络，加强父母对儿童在网络上可能遇到的危险、伤害和收获的理解，并提供减轻此种危害的方法，以便父母和孩子都能收获数字科技带来的好处。该机构为父母提供了一份指引——《做好数字教养的七个步骤》，具体如下。

第一，加强与孩子的沟通。在沟通时要心平气和，要注意尽早沟通、经常沟通，同时要心态开放，有针对性地进行沟通。多站在孩子的角度思考出现的问题，了解这些问题并思考出现问题的原因，不要一味以命令者的口吻，而应当在充分了解问题的前提下正确地引导孩子。

第二，父母需要进行自我教育。对于自己不理解的事物要上网搜索，探索 APP、游戏和网站，探索关于做好数字教养的建议和资源。在对技术和网络没有比较客观理解的情况下，一味地拒绝或禁止是非常不可取的。父母需要持有开放心态，跟上时代的步伐。事物的发展往往具有两面性，只有充分认识到其中的利弊才能发挥出技术的优势，并预防技术带来的负面影响。当然，这个了解的过程是循序渐进的。网络上有非常丰富的资源，父母可以在网络中求助，加深对技术的了解，获得关于数字教养的建议和资源。

第三，利用家长控制。在操作系统、搜索引擎和游戏中激活安全设置，利用孩子手机、平板、游戏机上的家长控制工具，监测孩子的网络使用行为及其屏幕使用时间。通过技术手段对孩子网络使用情况进行监测是非常好的方式，确保父母享有控制权，即使父母不在孩子身边也能进行实时监测和控制。父母应学会使用家长控制工具，有效控制孩子使用网络的时间，避免过度使用网络对孩子身心造成伤害。

第四，制定基本规则，并做出制裁。与孩子协商确定使用网络的时间和地点限制约定并签署协议，制定相关惩罚措施，以此为孩子设定行为规范。这既能够让孩子学会遵守行为规范，培育孩子的规范意识，又能够为家庭网络安全培育良好的环境。

第五，加好友并关注，但不要追踪。在社交媒体上添加孩子为好友，尊重他们的网络空间，不要过度干预，鼓励孩子培养良好的数字形象和数字公民身份。添加孩子社交账号为好友可以很好地关注孩子的生活动态，进一步拉近亲子之间的距离，同时要尊重孩子的个人空间，不要让孩子感觉到太大压力；鼓励孩子注重在网络中树立良好的数字形象，让他们在发动态之前思考呈现出来的是否为希望大家看到的自己的形象；告知他们社交媒体在今后就业及学术深造中可能具有的影响力，要注意正当行为，因为社交网络活动在未来可能作为个人的背景资料，在就业或学术深造中成为评判个人的依据。

第六，探索、共享并庆祝。与孩子一起上网、共同探索网络世界，善于利用新的沟通工具，向孩子学习并乐在其中。人们的社会生活比之前更忙，父母和孩子之间的"品质时间"成为稀有之物。与孩子一起探索网络世界，可以分享各自的心得和收获，度过有质量的亲子时光。家长可以在这一过程中向孩子学习并以自己的生活经验进行引导，是促进彼此交流的好方法。

第七，做好数字模范。父母需要控制自己的不良上网习惯，知道何时该下线，向孩子显示如何在网上协作和创造。父母的行为对孩子行为有着示范和指引作用，父母应树立自身的积极数字形象，删除个人数字媒体中自己不喜欢的状态，多发表、传递正能量，比如社区中发生的好人好事、对朋友的赞扬等；合理安排自己的网络时间；向孩子展示如何利用网络中的工具进行创造，启发孩子的创造能力和实践能力。

（二）学会预防并教导儿童应对网络欺凌

作为一个自由开放的平台，网络世界的匿名性和隐蔽性使人们感觉不受约束，尤其是考虑到网民素质参差不齐，人们在社交媒体中很可能会遭遇到一些无礼的谩骂和威胁，这对于心智尚未完全成熟的青少年是非常有负面影响的。有鉴于此，欧洲娱乐分级委员会（ESRB）以及终结网络欺凌委员会（ETCB）对于网络中出现的不正当行为提供了相关建议措施，为父母了解并预防青少年遭受网络欺凌提供了指引。

欧洲娱乐分级委员会（ESRB）在其家长资源中心对父母提供的指南中指出，面对这样的情形时，家长应当教导孩子如何抵制网络中的不当行为以及网络欺凌。比如，告知孩子在网络中遇到粗俗语言攻击时应及时告知父母，父母可以向后台或网络服务提供者进行投诉，同时确保提供尽可能多的信息和证据；家长也应关注孩子的行为，可以通过观察孩子的行为知道孩子是否可能遭受到网络欺凌，比如电脑使用的变化、焦虑或抑郁、不愿去上学或社交。若是出现类似警示信号，应及时与孩子沟通并进行开导，促进问题的解决。

终结网络欺凌委员会（ETCB）是旨在打击现代先进技术中网络欺凌行为的非营利组织，其官网提供了应对网络欺凌的丰富的方法和案例，其中包括指引家长预防网络欺凌的建议。

首先，家长应尽早开始对孩子进行网络安全教育，并在沟通时保持耐心。毕竟孩子从蹒跚学步时便看到父母使用各种电子设备，因此当孩子开始使用电脑、手机或任何移动设备时，父母就可以跟他们讨论关于网络行为、网络安全的问题。沟通时要保持诚实、开放的心态，给予支持和积极的态度。孩子都希望父母能帮助指导他们，学会倾听并考虑孩子的感受会使沟通更加顺畅。研究表明，当孩子想获得重要信息时最依赖他们的父母，因此良好的沟通是保护孩子上网安全的最好方式之一。抓住每一个能和孩子讨论网络问题的机会，而不是等待孩子开始这一话题。比如青少年上网或观看手机电视节目时可以讨论在类似的情况下应当做什么或不应当做什么；看到关于网络诈骗或网络欺凌的新闻故事时也可以讨论自己的经验和期望。在沟通时保持耐心，大多数孩子需要听到重复、少量的信息时才会记得。

其次，为父母提供关于孩子使用社交媒体的建议。检查孩子的网友名单，可以将孩子的网友名单限制在熟人范围内。研究发现，攻击者通常不会假装成小孩，大多数是陌生成年人，青少年应毫不犹豫地封锁他们。父母应鼓励孩子如果感到被人威胁或者因为网络上的东西感到不舒服时要及时告诉家人，这时可以将问题报告给警察或者社交网站，大多数网站都有用户举报辱骂、可疑或不当行为的链接。同时，父母还应鼓励孩子帮助阻止网络欺凌，如果看到其他遇到网络欺凌的小伙伴，可以试着通过不参与及告知欺凌者停止这种行为进行阻止，还可以通过将网络欺凌行为向网站举报进行阻止。

最后，父母应教导孩子网络礼节。教导孩子在网络中保持礼貌和生活中保持礼貌同等重要，发消息时应注意"请""谢谢"等基本的消息用语；同时要注意语气，在网上使用所有的大写字母、长行的感叹号，或者粗大的字体，相当于大喊大叫，而大多数人不喜欢咆哮。

（三）教导儿童在网络中学会保护个人隐私

儿童在很小的时候便开始接触联网设备，其个人隐私和安全是非常值得重视的问题，对保护儿童个人安全有非常重要的意义。欧洲娱乐分级委员会（ESRB）在其家长资源中心提供了在线和手机隐私的相关建议，主要内容如下。

首先，告知孩子不要分享任何个人信息。确保孩子知道不会告诉任何人他们的真实姓名、密码、金融数据、生日、家庭住址、电话号码、学校或父母工作单位。告知孩子在注册游戏网站或手机软件时要谨慎提供信息和许可，考虑信息将用于什么用途，将被分享给谁，提供的信息是否必要，如果有任何疑问可以咨询游戏隐私政策以获取这些答案。

其次，总是输入正确的孩子出生日期。因为输入错误的出生日期可能导致开发商或网站运营商设计的封锁搜集儿童个人信息和不适当广告投放的安全措施失效。

再次，使用设备设置和控制工具保护相关隐私信息。比如，禁止站内购买或者通过设置密码限制购买 APP，关掉定位设置，限制网络访问或数据使用等。

最后，当玩在线游戏或者在社交网络发布消息时，确保孩子理解如何安全地分享他们和朋友的照片、视频和评论。

五、儿童数字成长需要各方共同努力

技术的发展往往有利有弊，数字时代的儿童比之前的儿童更早接触互联网和数字媒体。这些新技术在丰富儿童的学习、生活，扩展儿童视野的同时，也带来诸多问题。而且，儿童首次接触网络的年龄越来越趋于幼龄化，父母作为最直接的、第一位的调停者和教导者，需要负担起自身的责任，加强数字教养，培养儿童的数字素养。从以上国外的相关经验我们可以获取以下几点重要启示。

第一，父母首先应做到的便是要了解技术、了解孩子，接受网络文化差异，避免强制同化。如今数字生活成为儿童生活的一部分，父母除了要了解他们现实的生活之外，还需要了解他们的网络生活、数字轨迹，密切关注他们的网络动态，并与孩子多沟通，多从孩子的角度考虑问题，搭建亲密沟通的桥梁将会便于发现问题并解决问题。

第二，约定规则，签署家庭数字和移动媒体协议（family digital and mobile media agreement）。多与孩子进行协商，互相分享自己的想法并进行讨论，增进彼此的理解；同时能够树立规则意识，对孩子使用网络的时间和地点进行限制，可以规定孩子在家使用电脑时必须有成年人在旁边，确保上网安全。此外，通过设置家长控制工具监测孩子网络使用时间和行为。

第三，重新认识"共同学习"的重大价值。一些父母并未意识到做好数字父母的重大意义，因此在一些场合往往将手机当作封口玩具，带来共同在场而"身心异处"的问题。实际上，网络世界远比现实世界复杂、多变，危险和威胁是无处不在而又隐秘的，未成年人尤其是年龄较小的儿童很难在其中做到游刃有余。因此，强烈建议父母在网络世界中给予孩子更多有质量的陪伴，在共同学习的过程中，帮助儿童形成良好的数字文化。

第四，做好数字模范。如前所述，父母质量对儿童身心成长影响甚大。因此，父母在网络世界应为孩子树立模范，培养良好的网络习惯，合理安排网络时间。数字时代父母的示范作用更加重要，在一个充满诱惑和技术变革的时代，父母是孩子的第一任老师，其指引对孩子的身心发展非常重要，树立积极的数字形象，孩子便也能从中学习和成长。

第五，保护孩子网络安全，包括保护个人隐私和避免访问有害内容以及免受网络欺凌等。教导孩子隐私的重要性，以及如何在网络中保护个人隐私，可以在网络中了解相关数字媒体服务的隐私政策，帮助孩子安全上网；同时教导孩子在面对网络欺凌时大胆告知父母，并可以将之报告给网络平台，注意孩子可能遭受网络欺凌的信号，及时发现问题并促进解决问题。

此外，笔者曾在《儿童使用手机影响研究：好处、坏处及未知方面》一文中提出儿童使用手机、平台等交互式设备的五项指南，也具有很强的指导意义。这些指南包括：（1）手机、平板等交互式设备可以为教育孩子提供机会，但父母应当决定什么技术和内容最适合他们的孩子，为其使用手机设定规则，并回避移动设备上的暴力；（2）应当建议适合于不同年龄的教育性内容；（3）鼓励父母自己首先尝试游戏、APP 等，与孩子一起玩，并在事后询问其效果；（4）强烈建议父母和孩子一起使用交互式媒体，而非让孩子独自使用；（5）预留必要的家庭时光，或者实行必要的"手机斋戒"。

最后，数字父母是其孩子数字生活的积极伙伴，必须为未成年子女的互联网使用树立典范。除了教授孩子互联网技能外，数字父母还需要在上网安全、数字公民等方面给予孩子指导。第44任美国总统奥巴马曾呼吁，父母有责任积极参与到孩子的教育当中，在数字网络时代，所有父母都能够成为合格的数字父母是至关重要的，而这需要政府、社会、家庭的共同努力，以完成这一过渡，确保儿童健康成长。

· 作者简介 ·

曹建峰　腾讯研究院法律研究中心、未来科技中心高级研究员，中国互联网协会青年专家，主要从事互联网法律政策研究，主要关注领域为儿童网络保护。在国内首次提出"数字教养"这一概念，认为父母在儿童成长中发挥第一位作用，父母对子女的教养方式应向家庭教养2.0转变，积极引导儿童线上交流和成长。在《金融时报》等权威报纸杂志上发表多篇涉及儿童网络保护、数字教养等主题的文章。

王　丹　腾讯研究院法律研究中心助理研究员，主要研究儿童网络保护、数字教养等。

第二篇

新型认知

导读：每个人的记忆深处，游戏往往是和童年紧密相连的，它带给孩子们欢乐和幸福，留下美好的回忆。现代社会中的网络游戏，一样承载着带给玩家愉悦之重任，不论玩家是成人还是青少年，甚或孩童。游戏中的世界，是虚拟的，也是现实的；游戏带给青少年的影响，有正向的，也有负向的。因此，如何因势利导地引导孩子，获得网络游戏带来的正能量，成为家长和社会需要重视的问题。

第 4 讲 从代际差异的视角看游戏的意义

田 丰

中国社会科学院社会学所青少年与社会问题研究室副主任、研究员

要点采撷

◎ 游戏流行首先是要社会大众广泛地接受和参与；游戏本质上也是一种文化符号！

◎ 网络游戏融合了娱乐和社交这两个要素，它的出现可以说是科技进步对僵化教育思维和单一化教育体制的挑战。

◎ 家长与孩子共同选择游戏，帮助孩子在游戏中获取知识、形成志趣，这所有一切的前提是对孩子的理解和尊重，避免道德审判似的妖魔化和标签化。

在每个人的记忆深处，游戏往往和童年紧密联系在一起，仿佛游戏就是孩子与生俱来的权利，它带给孩子们欢乐与幸福。待你慢慢长大，儿时的游戏就被封存在记忆里，成为一段美好的回忆。游戏对孩子来说，可能是日常生活中最重要的组成部分，但是对成年人而言却并非如此。一千多年前，古人就提出：业精于勤，荒于嬉。这句话的大意就是老师们常说的，别贪玩，好好学习！可见，从古人开始，中国社会中就存在一股反对游戏的文化势力，而且是一种深入骨髓的文化基因，甚至时至今日，一代又一代的年轻人都曾经被认为"毁灭"在游戏的魔爪之下，从小霸王到游戏厅，从游戏厅到网吧，从网吧到手游。那么，如此屡禁不绝的游戏究竟有何魔力能让青少年们如此恋恋不舍，以至于最近三十年科技进步的每一个阶段都会出现成年人社会所不能理解和接受的游戏产品和游戏文化？

一、从游戏到主流文化符号，有多远？

如果只说最近几十年可能并没有很强的说服力，让我们把视野放远一些，来看看号称世界第一运动——足球的发展过程。虽然中国人喜欢把蹴鞠张冠李戴地作为现代足球的祖先，但现代足球的发展却是与工业革命和社会阶级分化存在直接的联系。19 世纪之前的足球运动虽然很受英国工人阶级的喜爱，却是没有统一的规则、充满着暴力的游戏运动，大家可以脑补一下几十个人以各种暴力方式追着球跑的场景——肌肉、力量、汗水与血腥。英国社会底层——工人阶级最爱的足球运动的暴力程度完全超出了主流社会的容忍程度，一度被明令禁止，直到这种游戏经历了主流社会的驯化：在一些英国贵族学校中被用以锻炼男孩子们的身体、训练他们的意志力和竞争意识，并制定了"合理"的规则之后才得以被主流社会所承认；还被冠以优雅的绅士运动名号，并由此随着大英帝国势力的扩张传播到世界各地，成为世界第一运动。

从足球这个工人阶级野蛮游戏的诞生、发展到成为主流运动项目的过程，可以看到游戏流行首先是要社会大众广泛地接受和参与，社会大众的广泛参与在农耕时代实际上是很难实现的。农耕时代人口聚集程度有限，商品和货物的流动程度不高，游戏作为一种文化，其传播的速度相对较慢。但大众的接受和参与只是游戏能够被主流社会所接受的前提条件之一，因为任何一个社会中都存在主流社会和非主流社会，大多数情况下前者对后者都采取一种轻视的态度，这种轻视的态度决定了后者的文化、游戏、符号会被前者所排斥。这就意味着任何一个社会中游戏的大规模流行都是兼有时代特点和草根性的，而脱离了时代特点和草根性的游戏很容易被淘汰，最终被人们所遗忘。

具有时代特点和草根性的游戏很多，但能够最终进入大雅之堂的还是得被主流社会所承认，甚至被改造成为主流社会的文化符号。在足球游戏被接纳的过程中，主流社会精英再生产的机构——贵族学校起到了关键性的作用，它把游戏作为一种贵族精神的象征；换作今天的话说，就是提高了一定的规格之后，才得以成为一种文化符号。至此，可以说，足球已经脱离了游戏本身成为一种符号，这种符号是主流社会的文化所认同的符号，也就是说，游戏本质上也是一种文化符号！

二、代际差异：为何成人社会看不惯孩子玩游戏

如果我们把游戏视为一种文化符号，那么就不难理解为什么最近三十年孩子们喜欢的游戏产品往往被成年人所排斥：代与代之间的文化差异。恰恰，这种代际间的文化差异又镶嵌在社会快速变迁的过程中，家长与孩子之间的差异夹杂了代际与时代的双重烙印。

回想小时候，很多成年人应该还记得在缺少物质工具和科技产品的情况下，孩童时代玩伴间的游戏几乎用的都是"人肉设备"。女孩子跳皮筋，男孩子跳山羊、骑驴都是徒手实现的，磕磕绊绊、出点血都是司空见惯的事情。使用的道具，且不说手机、

游戏机，就连最简单的木头、塑料玩具也是只有少数孩子才有的"稀罕物"。这种游戏模式一方面是受到科技条件限制，那会儿的孩子根本不可能接触到任何科技产品和玩具；另一方面当时计划经济时期的社会条件——单位制下的熟人社会能让孩子很容易地找到玩伴，家长也不会过度担心孩子的安全问题。当这些孩子长大为人父母之后，整个社会环境变化了，在高楼林立的城市陌生人社会中，恐怕任何一个家长都不会很放心地让孩子在小区里玩耍，更不要说让孩子们玩一些"危险"的游戏了。

生于 20 世纪 70 年代前后的人可能都还记得，那时爬杆是每一个男孩子的基本技能，而现在有几个家庭和老师还敢让孩子爬上四米多高的杆头？现在的社会条件、家庭生活的时间和空间都不再允许孩子们向过往那样玩耍，当孩子被局限在家庭狭小的空间里时，他们能够选择的游戏内容和形式也就不太多了。当然，科技的进步让他们的选择有了更多的可能，智能手机、电脑、PS 机、XBOX 里面都有足够的游戏供孩子们娱乐，这些娱乐形式又是家长所没有体验过的。因此，家长和孩子之间相互缺乏"移情"的体验，造成家长无法理解孩子们的游戏模式和游戏行为，更无法接受孩子们喜闻乐见的游戏文化。

放眼世界，游戏文化以及与游戏相关的符号由来已久。一年前里约奥运会的闭幕式上，下届奥运会的主办城市东京在八分钟里展示了大量的文化符号，机器猫、足球小将、Hello Kitty、吃豆游戏等唤起了全世界70后和80后的童年记忆，而最后从现场水管道具中钻出的超级马里奥更是当年风靡全球的青少年游戏角色。回想起来，无论是红白机的时代，还是PC机时代，各种各样的游戏——青少年的最爱——在中国社会中始终备受争议。更早一些，还有武侠言情小说以及各种偶像剧。

社会学中有一个词，叫作代沟，指的是不同代际群体之间社会文化上的差异，乃至对立。或者更加准确地说，是青年群体亚文化和成年主流社会文化的对立。从理论上讲，一个长期僵化的社会中代沟是不会出现的，因为所有的经济、社会、文化、技术发展都极其缓慢，上一代人与下一代人所处的环境相似而熟悉，很少带来任何变异的基因。而在一个急剧变化的社会中，代沟却很容易发生，如辛亥革命中青年对新式家庭的倡导和对旧式婚姻的反抗，再如美国"垮掉的一代"用服饰、音乐和诗歌对抗高尚的存在。中国经济社会的快速发展，科技的进步，特别是移动互联网的突起，都让上一代人与下一代人之间产生了群体性的文化隔阂。一代又一代青年人的文化符号：小说、电视剧、游戏，都曾经被抨击地体无完肤，但又成为无法抹去的、快活的儿时记忆。

当一代又一代的"迷失"青年茁壮成长且承担社会重任时，何曾有人去回溯曾经被"妖魔化"的青年人的生活方式和文化符号。毫不夸张地说，一代又一代的中国青年成长历程就是一部又一部对青年文化符号"妖魔化"的历史书，这背后可以说是主流社会文化与青年亚文化一次又一次的抗衡，而每一次抗衡都是披着保护未成年人健康成长的外衣。

三、今天我们要如何保护未成年人？

谈起保护未成年人，可以看一看工业化前期的欧洲社会，野蛮的经济发展催生了一个时代的悲剧：童工。英国著名历史学家汤普森曾经说过："对儿童如此规模和如此程度的剥削是我们历史上最可耻的事情之一。"社会的进步带来了更多保护未成年人的制度，甚至，任何保护未成年的观点都可以站在道德高地上俯视众生，一呼百应。这是社会的进步。但我们真正需要反思的是，究竟要如何保护未成年人？是否一定要一次又一次地用妖魔化、相互抗衡的方法来遏制他们的生活方式、乐趣和文化符号？当然，对戕害未成年人的任何制度、事务，我们不能够容忍，要义无反顾地与之斗争，但进步的社会不应该以保护的名义来削弱孩子们的快乐。

让我们再从孩子的快乐谈起。工业化时代另一个进步是社会对家庭的渗透，社会保障、婚姻制度大多是在那个时候开始确立的，同一时期的还有学校教育。当中国的学校取代家庭成为孩子教育和社会化最重要的社会机构时，我们始终就没有区分清楚谁是孩子的第一责任人。每一次出现任何能让孩子们痴迷于快乐的"妖魔鬼怪"时，家庭和学校都很容易形成同仇敌忾的正义联盟，怼小说、怼电视剧、怼网吧、怼游戏，怼完之后，都没有反思：孩子需要的不仅仅是知识和技能，还有娱乐和社交，这两个是隐藏在人性中最基本的社会基因。孩子学习不好、考不上大学、找不到工作是失败，孩子不快乐、没有朋友难道就不算是失败？说白了，家长教育思维太简单了，学校教育功能太单一了。

在常规的社会教育体系中，孩子缺乏娱乐和社交的时间和空间。而游戏恰恰是融合了娱乐和社交这两个要素，且又能比较容易规避学校和家长监管的手游，它的出现可以说是科技进步对僵化教育思维和单一化教育体制的挑战。换个问法：孩子贪恋游戏，家长和学校真的没有责任？即便没有王者荣耀，迟早还会有其他兼具娱乐性和社交性的游戏出现。客观地讲，家长和学校不过是帮助主流社会文化抗衡青年亚文化的帮手而已，还是没有彻底解决在一个急剧变迁的社会环境下如何保护未成年人的问题。

社会急剧变迁、科技高速发展，上一代人对下一代人的"优势"慢慢被消磨，年轻人越来越多地掌握了技术、知识等文化资本，甚至他们已经开始在使用手机、互联网等新奇事物上"反哺"父母。青年人对新鲜事物的学习和接纳程度远远超过成年人，这也是手游在青年人中普及程度高于成年人的重要原因。虽然成年人现在可以站在道德高地上来审视青年群体的亚文化，但未来却不太容易继续占有前沿科学技术和知识的优势，社会主流文化对青年亚文化的抗衡模式恐怕也会随之而逐渐改变为共存模式。因此，保护未成年人不能仅仅局限于防范一个又一个的游戏，而要着眼于青年人的未来和未来的青年人。

保护未成年人首先要了解、尊重他们的生活方式和文化符号，避免道德审判似的妖魔化和标签化。然后，才能够真正地从未成年人社会化过程中的各种社会情境和生活需求出发，逐步改进社会制度、家庭关系中不合理的地方。对于确实对未成年人健康、学习和生活产生重大负面影响的网络游戏，要在客观评估的基础上，加以全方位控制。我们还必须厘清政府、企业、学校、家庭之间的界限，不能一味地把责任推到某一方，更不能轻易地把青年人群的文化符号妖魔化。拿防范游戏来说，不仅要对游戏有技术性控制，还要形成对游戏者的社会性控制。社会性控制则需要政府、学校、企业、家长的多方协调配合。最重要的是，70后、80后和90后的成长历程已经告诉我们，不要随意蔑视未来以及"祖国的未来"自己的选择，让青年人脱离主流文化控制的"野蛮生长"未必是件坏事。

可惜，时至今日，大部分家长和学校对游戏的理解仍然停留在一千多年前"业精于勤，荒于嬉"的境界中，头悬梁、锥刺股的故事告诉人们，学习就是件苦差事；萤窗雪案更是要求国人无论条件多贫寒也要以读书为重；"少壮不努力，老大徒伤悲"也预测了个人命运是不能输在起跑线上的。这种价值观与学而优则仕一样贯穿了中国几千年的历史，那么在现代社会中，是不是应该有所改变？应该有多大的改变？变革的方向应该是哪里？

工业化时代之后，很多教育家认为现代教育体系出了很大的问题，因为现代教育体系的目标就是培养适合工业化生产体系的人，从管理者到专业人才，从风险投资者到技术工人。整个教育体系是围绕着工业化社会的需求来搭建的，大学里的专业设置完全是为了适应工作岗位需求，而中小学的课程就是为了考得高分进入大学学习，所以既不是为了保持人的天性，也不是为了激发人类的潜能，只是为了争取经济社会地位较高的工作岗位。这种基于经济理性的教育体系提高了人们的物质欲求，降低了人们符合个性的自我发展诉求。

当互联网快速普及之后，传统的工业社会价值体系正在慢慢被改变，其中一个最为显著的变化就是青年人更加喜欢彰显群体性的文化符号，从服装到饰品，从歌曲到电影，他们呈现出完全不同于老一代人的偏好。这其实与整个社会生产模式的变革有很大的关系。在工业化时代，社会物质生产能力极大地提高，但所生产出来的产品是同质化的，可以想象一下在同一条高速运作的生产线上，不同批次、同样外观、同样功能的产品被生产出来，然后再销售给千家万户。而互联网时代的产品生产模式在改变，越来越多的产品追求个性化，大规模生产的商品往往被青年们视为没有生命和意义的物质，他们更喜欢小众化的、带有符号意义的产品。

除去物质意义上的产品不说，青年一代对文化以及文化符号的消费也是与老一代截然不同的，而他们正在做的往往也是老一代从来没有经历过的事情，典型的代表就是游戏的变化。当大人看着孩子们抱着手机玩游戏的时候不免就会担心：会不会耽误学习啊？会不会影响视力啊？会不会让孩子学坏啊？等等。这些担心不无道理，因为在大人的成长经历中并没有类似的生活体验，而这种生活体验的缺乏让大人心里充满了疑惑和不解，因为他们在儿童时代获得乐趣的方式与自己的孩子是如此的不同！显然，在一个家庭中，作为家长的大人往往是"胜利者"，他们更容易hold 住局面，但也可能由此产生家长与子女之间强烈的冲突，特别是在子女成长过程中出现逆反心理的时期。那么，家长究竟应该如何看待子女玩游戏呢？

四、家长应该如何看待子女玩游戏？

孩子玩游戏，这件事并不是孤立的，家长必须站在子女的视角来思考这一问题。孩子接触游戏的渠道是多方面的，有些孩子是和家人学会玩游戏的，但更多的孩子是在与他们同辈群体互动交流的过程中学会玩某一种游戏的。因此游戏在孩子之间就是一个互动的载体，一个话题或者是一个工具，换言之，游戏在孩子的世界里不仅仅是一个游戏，还是一个群体性文化的符号，想要融入孩子们的群体中，身上不带有相似的符号是很难的。而缺乏共同符号的孩子在同辈群体中也更容易受到排斥和孤立，被其他孩子排斥对孩子的伤害可能比被游戏本身伤害更大。因此，家长在关注孩子游戏行为的时候，一定要多考虑一些问题，即游戏对孩子而言除了娱乐之外的意义——一个文化符号，一个融入孩子世界的工具。

事实上，很多孩子最初玩游戏的目的也是为了与其他小孩有共同语言，但孩子毕竟是未成年人，他们的自控力相对较低，在游戏中沉迷的可能性更大，甚至他们也更容易受迫于群体性的压力，被动地过度卷入游戏之中。家长需要考虑的问题是，如何合理地节制孩子的游戏行为和游戏时间。因此在控制孩子的游戏行为和游戏时间之前，家长应该先与子女一起玩游戏、谈心，深入了解子女在游戏中的乐趣和收获。随着智能手机和平板电脑的普及，很多适合孩子的游戏都被开发出来了，比如传统的扮家家游戏使用的是塑料道具，而手机上的扮家家游戏在内容上同传统游戏几乎没有区别，只不过在形式上有所不同。同样的还有一些对战的游戏，孩子可以在网络中扮演不同的角色，这与以往孩子们拿着木头枪在街头巷尾玩警察抓小偷的游戏也是相似的。但是如果现在让孩子们仍然拿着木头枪在街头巷尾跑来跑去，恐怕在大多数城市家庭中都难以实现。事实上，孩子沉迷于游戏的另外一个原因，就是现代城市生活中留给他们的时间和空间相对局限，这种局限也使得手机游戏和网络游戏蔓延。只有在深入了解子女玩游戏的动机和目的、内容和形式之后，家长才能有的放矢、合理有效地约束子女的游戏行为和游戏时间。

很多家长对孩子游戏行为和游戏时间的控制都是强硬的，而更好的选择是采用替代性的方法来解决这一问题。举一个简单的例子，曾经孩子们都很爱玩的一个游戏是植物大战僵尸。城市里的很多孩子都知道豌豆射手，却很少有孩子知道真正的豌豆是什么样的。既然孩子对豌豆射手有兴趣，那么把孩子的兴趣从豌豆射手转移到豌豆上并不难。在田野里，孩子其实也能够收获很多的乐趣，而且这种乐趣伴随着知识的增长，也能让孩子与同伴交流时有更多的谈资。还曾听说过这样一个故事，一个孩子天天玩王者荣耀，他的爸爸提出了一个要求，玩游戏之前要掌握每一个游戏人物的故事，于是孩子为了玩游戏到处找资料，后来对历史产生了很大的兴趣，反而忘记了游戏的存在。这也是一个有效替代的案例。在日常生活中，类似的案例还可以有很多，但前提一定是家长与孩子之间有交流，而不是强硬地控制孩子的游戏行为和游戏时间。

在游戏中，家长还应该仔细观察孩子的优点和挖掘他们的潜能，在玩游戏的过程中孩子能够展露出一些特质和优点，特别是现在很多游戏都带有益智性或者知识性内容，这些内容对孩子而言也是一种启蒙教育和潜能开发。比如，有一些游戏帮助低年龄段的孩子识别物体的颜色和形状，还有一些游戏本身就是故事性的历史改编，甚至一些游戏本身还包含了科技知识。如果能够让孩子的天性和潜能与游戏所蕴含的知识结合起来，那么对孩子本身的素养也是一种提高，而真正的问题是家长如何为孩子选择适宜的游戏，并且能够帮助孩子挖掘游戏中的知识点，激发孩子的潜能。大多数反对孩子玩游戏的家长都是缺乏与孩子共同选择游戏的过程，游戏选择环节的缺失让孩子们玩游戏时处于随性状态，自然很难实现游戏过程中娱乐与知识兼得的好效果。另外，需要提醒的是，中国目前并没有实施以年龄为界限的游戏分级制度，因此在选择游戏的过程中，就更需要家长的参与；家长的参与可以降低孩子在游戏环境中的风险，也能够获得寓教于乐的效果。

在家长的眼中，游戏就是孩子学习的"天敌"，无论是游戏厅、网吧，还是网络游戏、手游，都是影响孩子学习成绩的罪魁祸首。如果让中国家庭在孩子的志趣与学业之间做出选择，取得压倒性优势的肯定是学业。然而，真正影响孩子一生的不单单是学业成绩，还有在其社会化过程中形成的志趣，换而言之，志趣是能够让人们更上一层楼的推动力量之一。在游戏中，孩子的志趣也有可能得到较大的发展。举一个简单的例子，现在有很多模拟游戏在手机上都可以实现，比如早期的赛车和最近比较流行的飞机驾驶，这些都是在现实生活中孩子们很难直接接触到的，而游戏可以让孩子获得身临其境的体验，从体验到情感认同，并且获得继续探索的志趣也是人生成长非常关键的步骤。

家长与孩子共同选择游戏，帮助孩子在游戏中获取知识、形成志趣，这所有一切的前提是对孩子的理解和尊重，并且真正地在游戏中陪伴孩子，就像带着孩子去野餐一样，这才是最理想的家长与孩子之间的良性互动。当前社会中最为流行的还是以主流社会对孩子玩游戏的道德指责为主的碾压模式，这种模式本身就是对青年群体亚文化的轻视，也是主流社会对既往生活模式被颠覆的恐惧。而随着一代又一代年轻人的长大，人们也会发现，他们的生活模式确确实实被颠覆了，无论当初如何反对，都未能阻止青年亚文化的存在和成长。当一代人经历了反对子女看金庸、琼瑶系列小说到十几年后坐在沙发上看着电视里的还珠格格追剧，不能不说这是一个莫大的讽刺。

五、结语

让我们再回到游戏的意义。游戏本身只是一个文化的载体，它像一个文化符号一样传递出不同的社会意义，人们之所以对游戏产生如此大的分歧，是因为不同代际文化上的隔阂。如果占据主流文化的大人们能够放下身架，躬身了解、体验一下，或许有不同的看法。对于每一代年轻人而言，游戏有欢乐，承载着儿时的记忆，但又有被父母教训的痛苦，两代人之间的分歧不是因为缺乏爱，而是爱之心切、动辄彻骨。在一个快速变化的社会里，希望一代人与一代人之间能够相互理解和尊重，不要嘲笑老人在使用智能手机时的笨拙，也不要轻易敌视孩子们玩游戏时的痴迷。

　　游戏的意义或许就是，让我们知道相互尊重的重要性。

· 作者简介 ·

　　田　丰　博士，中国社会科学院社会学所青少年与社会问题研究室副主任、研究员，硕士生导师；研究方向为青年研究、人口与家庭社会学。

第5讲　理解"游戏"之力：时代需要新的游戏素养理念

刘梦霏

游戏研究学者、游戏化设计师

要点采撷

◎ 由于儒家文化的影响，中国文化对游戏长期存有偏见。

◎ 游戏不仅是娱乐，更是意义媒介，要重视游戏精神性的层面。

◎ 游戏本身是中性的，要趋利避害，就应当对游戏进行充分研究。

◎ 我们可以在游戏素养的概念下吸纳西方的研究成果，社会各界共同探索游戏积极影响社会的方式。

一、为何要重新认识游戏素养？

游戏对于当今社会的影响已不可低估，然而我们却缺少与其巨大影响力相匹配的认识工具。手游《王者荣耀》拥有上亿中国玩家，然而在媒体上所能阅读到的讨论，却大多还在重复十年前"网瘾战争"之时的言论：游戏是电子海洛因，玩物丧志，摧毁青年一代。这种认识，姑且不论是否符合事实，从措辞上就蕴含着关于游戏的文化偏见，既没有考虑到游戏最新发展带来的社会潜力，也没有以中性的视角看待游戏。更糟糕的是，这种认识常贬低年轻玩家，容易在事实上造成文化代沟，加剧代际冲突。为了改变这种现状，我们需要与时俱进，以适当的理论与认识工具理解游戏及其社会潜力。这套新的认识工具，可以概括为"游戏素养"（game literacy）。

简单地说，游戏素养就和文学素养一样，是一套我们认识与评价游戏的工具。我们习惯于讲文学素养的高低，在提到书的时候清楚书有好坏，知道一本内容低俗的书所造成的消极影响不应归咎于书本这个载体，而只是这本书不值得花时间深读。但提到游戏时，这种理性的判断力就消失了：如果某一个游戏消极地影响了某些玩家，大多数人会说"电子游戏害人"，而不是"这个游戏本身有问题"。

　　大多数不玩游戏的家长和老师都不清楚该如何因势利导，利用游戏和孩子交流或是利用游戏帮助孩子更好地学习，而是一味基于旧观念抵触游戏甚至禁止孩子的游戏行为；作为游戏拥趸的玩家，支持自己喜爱的游戏常以踩低其他游戏，乃至其他游戏平台的鄙视链为基础，因此销量排行榜——而非基于个人品位的判断——几乎是多数玩家选择游戏的唯一标准；媒体缺乏对于好游戏的评价标准，以销量论英雄，以日流水、日活评定游戏好坏，被"厂商爸爸"牵着鼻子走，很少能保持作为媒体的中立态度与行业高度；甚至游戏开发者也在某种程度上陷入了迷茫，盲目迎合玩家，茫然地追随最大卖的游戏类型，仅仅随着市场的潮流起舞，忽略了自己真正想表达的内容，在客观上制造出了很多审美性、教育性、社会关怀性与可玩性均浅薄的游戏。这一切正是我们社会整体缺乏游戏素养的表现。

二、传统语境中对游戏的理解

　　这种游戏素养的缺乏，与我国的历史文化和特殊国情有直接关联。笔者曾做过一个研究，调查《二十五史》中提到游戏这个词的语境、玩家的身份及评价[1]，得到的结果非常令人意外：《二十五史》中，游戏出现的语境分别是提到伶官乐器、昏君佞臣、八卦五行和隐士的时候，游戏的人是乱国佞臣、仆、妾、奴、昏君、乱臣以及正面人物的幼儿时代，而史官记录这一切的目的则多为警示后世君主切莫游戏误国，也勿亲近成年的游戏者。

考虑到《二十五史》本身可能具有儒家的偏向性，笔者又专门检索了作为儒家治政典型的《资治通鉴》，作为对比还检索了道藏、佛教典籍以及囊括了四库全书中大部分古籍的古代汉语语料库，比较完整地覆盖了经史子集四个层面的古籍以理解我国古人对于游戏的整体态度。结果，《二十五史》的结果和《资治通鉴》的结果高度重合，对游戏的人的评价几乎完全是贬义的：他们是一群臣服于生物冲动、成年了还要玩的人，他们的游戏行为将他们剥离出了主流文化圈，使他们无暇做正事。唯一由于游戏行为得到称赞的是"妾"和儿童，因为他们在游戏中操练了某些技巧或表现出某些未来让他们成为伟人的素质（例如，女性通过战争游戏练兵，或儿童在游戏中展现出机智果决的品质）。

1　研究全文参见 Felania liu(刘梦霏)，"Divergent Attitudes: A Historical Attitude Analysis to Understand Chinese Game Reflected in the 25 Dynastic Histories and Classics"，Annual Conference for Chinese DiGRA 2016, Taiwan。在刘梦霏的《寻找游戏精神》一文，载李婷主编《离线·开始游戏》，电子工业出版社，2014年，第74~93页中亦有涉及。

　　而对游戏行为最中性的评价来自《资治通鉴》中的两条龙，这也是唯一不含道德判断的段落：史家平静地描述了这两条龙的游戏行为，没有附加任何评价。从这里，我们已经能够看出儒家对于游戏的隐含预设：游戏是生物性的，是低于文化的，属于社会非主流文化群体的动物、小朋友、女性都可以玩，但是要齐家治国平天下的男性，或者说要做正事的成年人，绝对不能玩游戏。这种态度，同我们篇首提到的网瘾战争中人们对游戏的态度非常相似。实际上，网瘾作为一个在病理学上并没有临床证据，根本不能称之为病的心理学概念[1]，其成功正是因为它诉诸我们长久以来潜移默化地接受了的文化偏见。这种文化观念潜藏于我们使用的汉字之中，悄悄地塑造了我们对于游戏的负面观感。

　　中文是语素文字（logogram），与西方的表音文字不同，文字本身的字形、偏旁均有含义，而这种含义也会影响字义乃至词义。古代汉语常用单词素的单字，而现代汉语表达时多以一个以上单字的词组为词素。当然，例外是常常存在的，但我们暂不深究，只看涉及游戏的那些字与词本身有哪些文化含义。古代描述游戏的常见字是"嬉""戏""玩""耍"，词组则按照主字分为"游戏、游玩、游乐""嬉戏、戏耍、嬉耍""玩乐、玩耍"等几组。考虑

1　详细论述参见刘梦霏：《当你在谈上瘾时，你真的知道自己在说什么吗？》，《数字成瘾诊断报告》，《离线》Issue18，2016。

到词组涉及的语言学发展问题较为复杂，我们暂且专注于分析单词素的单字。分析时所用的字形均为金文或甲骨文，限于篇幅，不再展示详图[1]。

"嬉"字古今字形相似，只是甲骨文中女在喜右侧，与今天是颠倒的。字形上，"嬉"指女子在舞乐中歌舞戏耍，右边的"喜"重点形容了游戏的心理状态，左边的"女"将以"嬉"为代表的游戏行为打入与主流文化、工作相对的家庭领域。

"戏"字古今字形相差较大，金文中的戏由戈、虎头和鼓三个部分组成，字形传达的本意是奴隶或死囚手持戈戟，在鼓号声中表演斗兽。戈是兵器，本应严肃待之，却被用于娱乐，正如段玉裁《说文解字注》中所说："一说谓兵器之名也。引申为戏豫，为戏谑，以兵器可玩弄也。可相斗也。故相狎亦曰戏谑。"这种玩弄兵器的行为，一方面，本身体现出一种不严肃，一种视生死若轻、娱乐为重的反常的残酷性；但另一方面，有鼓乐为伴，也暗示着游戏与仪式相连的神圣起源，正呼应了赫伊津哈在《游戏的人》中所说的游戏是神圣的活动，仪式与节庆均为游戏的观点。

"玩"字古今字形变化也不大。左边的"王"字代"玉"，表示珍宝；右边的"元"字既是声旁也是形旁，表示人头，也可引申为凝神专注；两边合到一起，就表示"悉心观察、欣赏玉贝等

1　刘梦霏:《寻找游戏精神》，载李婷主编《离线·开始游戏》，电子工业出版社，2014，第88~89页，可见"戏"字与"嬉"字详图。

奇珍异宝"，这是玩字的本义，古玩、珍玩等词便是直接从此引申而出的词性变化了的名词；而我们更熟悉的玩乐、玩耍等词，是玩字扩大了的引申含义，在本意中加入了"放松地活动，使身心愉快"的含义。至于玩世不恭等带有一些道德判断色彩，形容不严肃对待的贬义词，则是从"玩乐"这些词又扩大而引申出的了。

"耍"字的含义可能是最令人意外的。金文中的"而"看起来比较像它本身的含义：颊毛，即脸上的毛。"而"在上而"女"在下，耍字的本意是指用颊毛戏弄女子，本意便是指不正当地玩弄。实际上，两个和游戏相关的女子旁的字，"嬉"和"耍"，本身都具有贬义色彩。究竟是女字旁带来了贬义，还是因为贬义才用女字旁，我们不得而知；所能确证的，是表达游戏概念的汉字里，四个字有两个字本身有贬义，另两个则逐渐发展出了贬义的含义。词语是观念的载体，但词语本身也在传达观念。若我们使用的描述游戏的概念都带有偏向性时，如何还能中性地认识游戏？如果游戏不是我们一直以来被教育的电子海洛因，不是儒家文化暗示的玩物丧志的浅薄之"物"，它究竟是什么？

笔者认为，游戏是一种精神性的追求，而非简单的物质消遣。儒家对游戏的偏见，确实也阻碍了我们全面地认识游戏。前文的研究还展示出了常常被我们忽略的中国文化对游戏的态度的另一个面向。在集体主义的儒家之外，只要有个人主义，有精神追求存在的地方，便有游戏的位置。古人关心的也不全是齐家治国平天下，完全的"政治动物"只不过是一个理想；实际上，中国的士大夫们也常被描述为"外儒内道"：当他们从公共领域退回到个人领域时，往往会转向更有道家特点的生活方式，怡情自娱，变成"游戏的人"。

一方面，道家传统与诸子（文人雅士），往往具有游戏的人生态度，也并不排斥游戏。李白与杜甫曾写诗赞颂斗鸡，看到了这平民的游戏中高尚的精神象征；李白自身游侠般的生活方式本也近似于游戏；李渔与张岱不仅享受娱乐，写书记录，还发明了一些具有雅趣的游戏；而红楼梦里的诗社、酒令也让我们看到古代中国人生活中真正的游戏——并不单纯是儒家描述的低俗活动，而是与更高的文学品味、审美趣味相关，并且具有绝对的精神性。古代文人在游戏中表达自己，认识世界，他们所"怡"之"情"，并非单纯的生物冲动，而是一种个人化的态度，是一种对于世界和人生的超越性的看法。特别是贾宝玉，作为玩物"丧志"的代表，揭示了被丧失的所谓的"志"其实是仕途经济。在现代"志"的内涵变换为个人成长之时，也许应该把这个词改成"玩物得志"才更贴切。

另一方面，佛家以游戏为自由的表征，有"游戏神通"之谓："'游戏神通'者，谓佛菩萨游于神通，化人以自娱乐，曰游戏。又戏者自在之义，无碍之义。"《大方广佛华严经》甚至详细描述了菩萨摩诃萨的十种游戏神通。而以菩萨为游戏的主体，与儒家

"不成熟的大人才玩游戏"的态度形成鲜明对照。游戏的可能性使人不局限于单一的人生目标，而是以更多元的方式去做各种尝试，享受人生的自由，这便会造就伟大的艺术。事实上，游戏本身在西方就被认为和艺术同源，甚至常见人们反过来说"艺术本身就是游戏"。深受禅宗影响的苏轼本身也是游戏人生的代表之一，他所留给后代的文化遗产，正是他生活方式缔结的结晶：通过东坡肉、东坡酒经、苏堤，同佛印、文与可等文人朋友的各种传奇和异彩纷呈的诗词歌赋，"胜固欣然，败亦可喜"的态度，正是游戏的心态所赋予的创造性精神造就的。

从本质论的角度说，目前中国文化中流行的关于游戏的定义大多是过时的。"我们玩游戏是因为游戏好玩"，是一个毫无建设性的循环论证。"我们玩游戏是因为游戏有乐趣"，硬生生地将乐趣从生活的所有其他部分剥离，暗示工作或者学习的本质就是毫无乐趣的，而忽略了最初的电子游戏正是模仿现实世界的教育过程而制作的，Raph Koster 甚至在《快乐之道》中断言游戏本质上就是一套教育系统（learning system），乐趣来自模式匹配（pattern matching）。"玩游戏是为了宣泄非正常的心理或生理压力""玩游戏是动物和小朋友为了成年做准备而进行的技能的预演"等功利主义的观点虽然乍看有理，但却完全禁不起推敲：实际上绝大多数玩家都是心理正常的成年人，已经进入了社会，并且有健康的社交与学习渠道，并不需要通过游戏来完成这一切。

人们玩游戏，并不是为了功利的目的，甚至不完全是"为了赢"——又一个常见的关于游戏的偏见。实际上玩家按照个性类型至少可以分为四种，其中只有两种——征服者和杀手——特别在意输赢，但他们对输赢的定义还不一样；探索者和社交家玩游戏的重点根本就不在于赢，而在于体验，无论是发现新大陆的兴奋，还是和伙伴一起冒险的愉悦，都远远超越输赢。我们几乎又拐回了先前的话题：无论人们为什么玩游戏，也无论他们玩的是传统游戏或是电子游戏，吸引他们的，总归是精神性的原因，而不是简单的物质或者生物奖励。

三、如何正确理解游戏及其素养？

这就带我们到了西方学者探索已久的游戏研究的领域。无论是关于 play 的研究，还是关于 game 的研究，大多数人都从未意识到这两种都翻译成"游戏"的概念是有很大区别的，其中 play 指更自由的那种游戏，比如玩沙子、乱涂乱画，更接近于中文的"嬉"和"耍"；而 game 则更复杂，一般有明确的规则和结构（rule-based structure play），更接近于中文的"戏"和"玩"。无论是近百年前，关于 play 和更广泛的游戏的文化本质的《游戏的人》，还是近二十年来 game studies 领域不断涌现的关于电子游戏的著作，这些西方学者研究游戏的"他山之玉"都能够帮助我们在另一套语言体系下更深刻地认识游戏的本质。

国外对于游戏的学术讨论开始得较早，第一本游戏研究期刊 *Game Studies* 2001 年便已创刊。单就研究而言，国外的游戏研究早已形成研究协会与学术网络，亦有专门的学术期刊、年会与邮件列表推动领域的发展，在欧美的大学中也开始逐渐从研究中心向专门学科的方向发展转变；对游戏认识的增进可以直接在开发中体现出来，国外游戏研究学界与产业界维持着良好的关系，甚至很多游戏研究者本身也是游戏设计师，而这又反过来提高了作为文化产品的游戏的质量。

此外，国外的游戏研究也很重视对于初等、中等、高等教育的辐射作用，无论是教育游戏，或是教育游戏化，都在各种层次的学校推行，带来了积极的社会影响。在此基础上，国内外通过游戏促成积极社会影响的实践已在不断进行，游戏化（gamification）的影响已超出商业领域，在教育、管理、科研、社会公平、慈善事业乃至普通人生活衣食住行的各个方面均不断带来改变。以此为鉴，面对蓬勃发展的中国游戏产业及游戏带来的种种问题，我国学界对于游戏保持中性的认识，充分探索游戏作为一种媒介的特点与潜力是十分重要的。游戏研究在中国既亟待发展，又势在必行。

四、总结

虽然限于篇幅，无法仔细介绍游戏研究领域的学术史，但我们至少可以强调学界对于游戏的一种共识：无论是像 Koster 那样视游戏为教育系统，还是如笔者般视游戏为填补工业社会断裂意义链的意义系统，或是像 Huizinga 般视更广义的游戏为人类社会与文明的起源，或是像 Jesper Juul 般强调游戏真实规则、虚拟世界造就的半真实性（half-real）甚至超真实性，或是心理学家们看到的游戏锻炼大脑、磨炼社交性、在交流中维持创造力的种种实际功能，游戏总被看成一种中性的媒介，它既可以传递积极的内容，带来积极的改变，也可能被误用甚至滥用。根本在于要对这种媒介进行尽可能充分的认识，这样才能趋利避害。这也正是我们提倡社会各界对游戏素养这个概念进行思考的关键：本质上，这正是希望将游戏作为一种中性的媒介来看待与讨论，以充分评估其潜力。笔者抛砖引玉，先草拟了一个讨论的框架，以启讨论之端。

基本上，笔者认为游戏素养可以看作一个洋葱结构的概念及行为集群。处于最核心地位的是对于游戏的认识，这包括国内外学界和业界对于游戏的本质、分类、游戏史、在人类历史中的定位、与此前媒介的关联与区别等的各种理论探索。围绕核心，即在正确认识游戏的基础上，我们应当理解的就是游戏的人。同心圆的下一层主要是关于游戏的人，这既包括学界存在的玩家的研究，包括而不限于对玩家状态、玩家分类、玩家亚文化、玩家的游戏动机以及有偏差与正常游戏行为等的各种研究；也包括游戏设计师、游戏化设计师、生产者、消费者层面的研究，以及在目前研究中常被忽略的与玩家相关的主体——如家长、老师、管理者、大众媒体等——对于游戏的人以及游戏本身的影响的态度的研究。同心圆的最外环是行为指南，即玩家、家长、管理者、教育者、媒体等各群体应当以何种方式应对游戏及其可能的社会影响，以及如何以负责任的方式从自身做起，更好地发挥游戏的积极作用。

这是一个需要长期发展和大量研究、实践与梳理的概念框架，但笔者深信这项工作不仅与国内游戏研究领域的构建相关，而且与游戏能否以更积极的方式影响社会密切相关，同我们的这一代、下一代、代代子孙的精神建构密切相关。毕竟，有大禹治水的例子在前，想要游戏之"水"的巨力不造成破坏，又能发电发光驱动社会向前发展，靠的不是拍脑袋、感情宣泄或者指责丑化某个群体，而是正确的"疏"的思路与切切实实挖泥、建坝的努力。希望游戏素养概念的提出，能够成为疏通之始，在疏清的河道上，游戏研究也能逐渐健康地成长起来，并使社会各界均得益于改变世界的游戏之力。

· 作者简介 ·

刘梦霏　游戏研究学者、游戏化设计师，主要研究工业社会背景下游戏的社会影响。中华电子游戏研究协会（Chinese DiGRA）前副主席、理事会成员，游戏与社会研究协会会长，2015 年于北京师范大学开设国内第一门研究生层面的游戏研究课程"游戏研究与游戏化"，并在清华大学发起国内首次游戏研究的国际会议"电子游戏在中国：过去、现在与未来"。现于清华大学历史系攻读博士学位，目前在英国杜伦大学访学。

第 6 讲　期待游戏成为助益青少年的"第二世界"

童清艳

上海交通大学媒体与设计学院教授、博士生导师，
媒介素养研究中心主任

要点采撷

◎ 网络游戏具有同侪认同、团队精神培养、文化传承、娱乐等正向功能。

◎ 网络游戏并非"洪水猛兽"，只是一味地谴责其伤害了孩子视力、身体健康还是偏颇的，关键是如何合理、科学地引导，明确标准，分级管理。

◎ 游戏的奥秘和乐趣正在于，它表明了玩家对另一种生活的希望。

一、网络游戏的正向功能

有哲学家说过，当一个人还只剩一丝余力时，都会选择娱乐和游戏。福柯也曾说过，游戏的正面意义常常会被一些已成定论的道德和理智所排斥；席勒等高标游戏，并且无畏地宣称，"只有当人在充分意义上是人的时候，他才游戏；只有当人游戏的时候，他才是完整的人"。但当今，始终，娱乐、游戏还是等同于儿童的不谙世事，或者成人的不务正业。

从全球文化娱乐消费来看，当人均 GDP 超过 3000 美元时，该地区将进入文化娱乐需求快速发展的阶段。而中国的人均 GDP 早在 8 年前就超过了 3000 美金，中国正处于文化娱乐需求高速膨胀的阶段。有资料显示，在全球，网络游戏年销售额早在 2002 年就已经超过好莱坞全年收入，同年，我国网络游戏的市场规模骤增至 9.1 亿元，超过全国电影票房总收入。作为新兴产业，网络游戏已成为与电影、电视等并驾齐驱的最重要的产业之一，美国著名的统计机构 Strategy Analytics 在发布的《全球游戏市场预测》中，将网络游戏称为"未来互联网经济的中心"。网络游戏产业在国民经济中所占的比重越来越大。

事实上，网络游戏已进入中国很多家庭，就像手机。如今，青少年如果不了解当下的最新游戏，会被同侪看成另类，"今天你游戏了吗"成为孩子们见面的问候语，取代大人们曾经的"今天你吃了吗"。

其实，网络游戏拥有同侪认同、团队精神培养、文化传承、娱乐等正向功能。早在 2009 年，笔者就"互动娱乐：网络游戏对传媒产业的重构"课题，在美国哥伦比亚大学进行远程信息研究，发现游戏心态成就大市场，甚至也认同《游戏改变世界》一书中的观念："我们的未来，要靠懂得游戏的力量和潜能的人去创造""游戏会击中人类幸福的核心""游戏可以弥补现实世界的不足和缺陷，如果我们肯真心尝试驾驭游戏的力量，那么，重塑人类积极的未来，让现实变得更美好，就不再只是一句空话，而是真的有可能发生""游戏化，重塑人类积极的未来"。

与许多学者一样，笔者也发觉网络游戏有许多现在流行的正能量内容，正如弗罗姆在《寻找自我》中所说，任何愉悦的产生都不是空穴来风。作为一项名副其实的娱乐活动，在线游戏至少具备以下几个因素：自愿进入、超越时空、自主选择、遵守规则、紧张愉快的情感体验和与"日常生活"的距离感。而且，在线游戏场的本质可以进入"人—机—人"的双重虚拟互动，打破吉斯登定义的"时空的分隔"的"到场"限制，实现了人与人之间不在同一物理场的互动关系。

游戏时，玩家可以发现自己 QQ 或微信上的真实伙伴，可以依靠大家共同营造的"心理自觉"，完成一场心知肚明的现实生活之外的"短暂快乐出游"。在线玩家可以以全新的身份角色进入一个全新的人际交互空间，进而经营出现实生活之外的"快乐虚拟生活"，形成葛洛庞蒂在《数字化生存》中所说的，"当我们把与互联网络相类似的传输系统用于大众娱乐世界中时，地球就变成了单一的媒体机器"。这种"通过机器所进行的交流将比人与人、面对面的交流更为有效"。

再者，无论是传播学的"镜中我"还是精神分析学的"镜象理论"，都强调"镜象"对"主体意识建构"的突出意义，也就是说"认识你自己"。这就是哲学上的斯芬克斯之谜，玩家们进入网络游戏后能够利用虚拟符号创造一个全新的"自我"，并通过对这个"自我镜像"的操纵与控制，实现现实之外另一个"我"的创造。这样一个由数码集成的"自我"，既可以隐藏或者回避现实自我的种种"硬伤"，也可以突破物理空间局限，在遍及世界的互联网络中探索属于自己的表演舞台，开辟一座全然一新的又充满奇趣的"镜像之城"。心理学家帕特里夏（Patricia）在《互联网心理学》中就谈到了这样一个典型的案例：

一个相貌平平的学生在网上找到了自信。他说过去因为自己相貌平平，在面对面的课堂讨论时总不爱回答问题。由于人们总是忽略他做的评论，他就干脆不再发表意见，但他发现互联网是一个不以貌取人的地方。第一次参加网上讨论，

> 他就表现出深刻的思想且不乏幽默。一两天的时间内就有好几个人回信表示同意他的观点，在辩论中站在他的一边。这是在教室里面从来没有发生过的。互联网为他提供了一个使他充分发挥自己潜力的公平竞争场，使他拥有足够的自信心证明自己的资质，甚至改变了他对待实际生活的态度。

网络游戏可以为玩家提供一个随心所欲的文化场域，"孤独的个体"不仅能在主题话语的同构中消解现实的孤独感，重建"虚拟"却不"虚幻"的精神家园，同时他们也能凭借可操纵的力量在新的网络文化社区中确立自己的网际社会地位。

网络游戏的活动是真正属于平民的、形而下的世俗生活。网络游戏活动实现了真正的现实逃亡自由。有美国学者认为，网络游戏打破社会阶层差异，人们可以于在线游戏中获得现实中不可能玩的游戏，如普通人也可以玩现实中有钱人才可以玩的一些诸如高尔夫等高端现实游戏。

游戏的奥秘和乐趣正在于，它表明了玩家对另一种生活的希望。

二、网络游戏可能带来的问题

然而，为什么"电子海洛因"的帽子要可悲地落在网络游戏头上？这种莫衷一是的尴尬，集中体现在技术威胁与身体缺席相关的医学研究上。具体而言，与户外的体育锻炼有不同之处，玩家们在网络游戏过程中，除大脑与手指之外，身体处于静止状态，这会消解躯体对冷、热、酸、痛等常规知觉的体验，同时也会将游戏者的全部神经反应集中于游戏情节，此消彼长的身体状态使得大脑分泌更多的多巴胺，大剂量的多巴胺反过来又不断刺激大脑加速分泌，于是就表现为更长时间的玩欲，最后陷于疲惫而不自知、自知却不自觉、自觉又不自制的类似"成瘾"状态，会扭曲时间。

所以，人们对网络游戏的批评里，"浪费时间"是被提及频率最高的。而且，游戏设计者深知"相对时间"的迷乱，会利用各种技巧浓缩玩家的时间感。"游戏玩家"用自己的"劳动时间"来赚取"休闲时间"，青少年形成所谓的"游戏童工"一族，这无疑是网络游戏在前行路上需要认真考虑并尽快解决的问题。

上述都属于网络游戏对青少年的影响范畴。纵观国内外对游戏影响（效果）的研究，不外乎两大课题，其一是探讨游戏中的暴力、色情内容是否会增强游戏玩家的相关倾向，其二是研究游戏上瘾的成因和后果。

由于游戏具有高度交互性和虚拟真实性的特点，国内外的许多学者都认为游戏中的暴力内容会增强游戏玩家的暴力倾向，具体表现为攻击性的认知（Cognition）、情感（Affect）、生理唤起（Arousal），甚至行为（Behavior），而且会减少玩家的亲社会（prosocial）行为。这一类观点主要基于社会学习理论（Social Learning Theory）、涵化理论（Cultivation Theory）、启动效果（Priming Effect）理论、脱敏效果（Desensitization Effect）理论和一般攻击性模型（General Aggression Model）。

但也有一些相反的观点，认为游戏反而舒缓了玩家在现实中的相关倾向行为。这是因为人们受到社会规范和法律意识的约束，他们并不会轻易实施攻击行为，这也与游戏玩家的个体差异相关。

而且，网络游戏长期被媒介以污名化处理，其实网络游戏中有许多亲社会行为，如个体自愿做出的，可以给别人带来好处，并促进相互之间和谐人际关系的行为；提供虚拟的物质资源金钱、装备食物、药品；提供"任务"帮助；提供游戏经验分享；等等。

游戏正向作用很多。主要是考虑到青少年属于未成年人，自我约束能力不足，还需要相关法规保护，这样方能促进我国在线游戏的健康发展。

三、如何看待网络游戏与青少年成长的关系？

青少年的生活方式应当多样化，培养其从小爱运动、户外锻炼身体的习惯也很重要。西方一些发达国家户外公共运动场地、器械处处皆是；社区公益活动丰富多彩；成绩不作为唯一评判标准，培养青少年正视网络游戏，区分"媒介真实"与"客观现实"能力等，都是值得我国借鉴之处。

概而言之，网络游戏并非"洪水猛兽"，只是一味地谴责其伤害了孩子视力、身体健康还是偏颇的，关键是如何合理、科学地引导，明确标准，分级管理，建立如美国的游戏分级组织——"娱乐软件分级委员会"，即 ESRB（Entertainment Software Rating Board），对网络游戏内容、游戏软件、网站等进行审核。其宗旨是方便家长选择适合未成年人的网络游戏，防止带有不健康甚至有害内容的网络游戏给青少年的人生观、世界观和价值观带来负面影响。

同时，加强行业监管，注重"自我规制"，培养青少年在网络空间中自觉遵守道德规范，实现现实世界和网络世界道德人格的和谐统一，是学校教育、社会教育和家庭教育极为重要的议题。在美国，一些非政府组织、公众也积极主动地参与对网络的监督。

网络游戏已经成为青少年生活中不可或缺的缓解现实压力以及积累人生经验的一种方式。正如我们城市里流淌的河，污水在流的有害环境，如稍加整治，种上水草植被，不断清理，就是清澈宜人的风景。娱乐，有向上的力量，也有向下的，关键在于引导与监管是否到位以及玩家的媒介素养。

试想，网络游戏如果与 VR 等科技结合，可让孩子们于在线状态也可锻炼身体，不影响视力，还有助现实能力提升。目前，电子竞技已经被列入国际赛事项目，其特征是比较人的手、眼、脑高度协调的操作思维和反应能力，但目前尚处于建立、健全和逐步完善竞赛标准与规范阶段。

期待有一天，网络游戏成为对人类，尤其是青少年有益的"第二世界"，而非洪水猛兽。

· 作者简介 ·

童清艳 上海交通大学媒体与设计学院教授、博士生导师，媒介素养研究中心主任。复旦大学新闻学院新闻传播学博士（中国首批新闻业务博士，2001），复旦大学管理学院应用经济学博士后（中国首位传媒产业博士后，2003），美国哥伦比亚大学商学院远程信息研究院 CITI 访问学者。有跨学科知识背景，近年来致力于各类新兴媒体环境下新闻与传播学、管理学等交叉学科研究与探索，有大型媒体管理咨询项目经历，曾主管上海交通大学传媒 EMBA 项目。上海交通大学"东方管理研究中心"副主任，研究方向为媒体创意经济、受众研究、新闻实务。

第7讲　青少年网络素养与网络谣言破解

雷　霞

中国社会科学院新闻与传播研究所副研究员

要点采撷

◎ 谣言是被广泛传播的、含有极大的不确定性的信息。其中,"不确定性"和"广泛流传"缺一不可。

◎ 移动化的新媒体平台带来信息生产与传播的便利,也自然地带来了谣言信息的制造与传播的便利。

◎ 家长要鼓励孩子对自己的言语和行为负责,做到文明上网、文明发言,并自觉做到不造谣、不传谣。

◎ 面对可疑信息主动求证,不轻信谣言,发现谣言积极举报,不助长谣言的传播,维护良好的网络环境。

谣言在任何一个时代都存在，曾被称为"世界最古老的传媒"。因此，谣言是一个社会中常态存在的信息传播现象。不过，在如今我们生活的新媒体时代，我们比以往任何一个时代都更加容易接收到谣言，甚至在有意、无意中制造和传播着谣言。同时，谣言借助各种网络平台广泛传播、扩散，容易产生比以往任何一个时代都更加巨大的社会影响。而大多数青少年对谣言的辨识力不够，容易被谣言蛊惑，同时缺乏网络素养和科学素养，这就需要家庭和学校共同承担起相应的责任，帮助和指导孩子认识谣言、理解谣言，以理性、科学和负责的态度应对谣言，提升自己的网络素养。

一、认识谣言：谣言是什么

2013 年，中国社会科学院舆情调查实验室对关于整治网络谣言舆情的调查结果显示，多数人对于"网络谣言"的界定并不清楚，自认为对"什么是网络谣言"清楚的受访者仅占 14.6%。成年人尚且不能完全了解谣言，更不用说青少年了。2016 年 5 月 31 日北京市科协信息中心发布的《北京市青少年科学认知水平问卷调查分析报告》指出，面对诸如"路由器辐射大，导致植物不发芽""过午不食，健康减肥""牛奶＋可乐，导致胃结石"等 10 条热门谣言时，300 名受访学生中（其中 30% 为高中生，70% 为初中生），98% 的受访学生缺乏科学鉴别力，至少相信过其中一条谣言；42% 的受访学生选择半信半疑；25% 的受访学生选择基本不信；23% 的受访学生选择基本不看；8% 的受访学生选择主动求证；2% 的受访学生表示会转发询问其他人进行求证。也就是说，受访学生中，选择求证的仅占 10%。那么，谣言到底是什么呢？为什么谣言有如此巨大的蛊惑力呢？

从汉语中"谣言"一词的产生和演变过程来看，谣言的前身应为"谣"。"谣"在形式上一般比较押韵或对仗，简单明快，所以容易通过口头传播；在内容上，大多数"谣"能反映出人民的智慧和生活的哲理，具有深刻的内涵和思想，往往成为知识或技艺普及的传播工具，因而也便于世代流传。与此同时，"以谣谚行教化"是古代编注谣谚的目的之一，所以"谣"的收集也受到官府的重视，这也是"谣"能够长期流传下来的重要原因。但早在先秦，屈原所作《离骚》中，就有"众女嫉余之蛾眉兮，谣诼谓余以善淫"这样的句子，其中，"谣（诼）"便是"诋毁"之意。随着时代的发展，谣言"歌颂、颂赞"之意渐渐消失，而"诋毁、诽谤"之意逐渐突出。按照《现代汉语词典》的解释，谣言是"没有事实根据的消息"。据此，我们多数时候都简单地认为谣言是"虚假消息"或"不实信息"。

随着时代的发展和大家对谣言认识的不断深入，除了认为谣言是"未被证实"与"虚假消息"的说法外，有人提出谣言能够表达人们的对抗性诉求，而这些对抗性诉求恰好反映的是无法通过其他有效途径表达的诉求；也有人认为，谣言反映群体的智慧，谣言是在群体议论过程中产生的即兴新闻，通过这种经常性的、融合了集体智慧的交流方式，人们试图对自己面临的威胁或模棱两可的处境构建出有意义的解释；还有人认为，谣言是信息的扩散过程，也是对信息的解释和评论过程。

我们能够看出，简单说谣言就是"虚假消息"显然过于武断，不过，谣言普遍具有的属性无非两点：一是广泛传播，二是其不确定性。因此，我们可以这样认识谣言：谣言是被广泛传播的、含有极大的不确定性的信息。其中，"不确定性"和"广泛流传"缺一不可。也就是说，即便是带有不确定性，如果没有广泛流传，也成不了谣言；而广泛流传的信息，如果具有非常强的确定性，就不再是谣言。正因为其不确定性未被消除，因而大多数时候当人们听到或看到谣言信息时，会自然而然地表现出一定程度的将信将疑，而且期望被确定。谣言在其形式上的或确定（比如，以"据我同事亲眼所见……"等开头的谣言信息）、或不确定（比如，以"据说……"等开头的谣言信息）及其在内容上的不确定与神秘性，在很大程度上增加了自身的迷惑性，这种迷惑性正是谣言存活的保障，也是吸引大众传播的前提。

二、理解谣言：谣言为什么会产生和传播

传统媒体时代，谣言的传播和扩散主要靠人与人之间的口耳相传，尤其是通过熟人之间传播的信息往往以在场的见闻或者见证人的视角登场，使得谣言可信度增加。但新媒体时代的谣言已经不需要这种靠口耳相传的形式来传播，由于便捷而完整的复制、粘贴和转发、分享，信息已经完全可以原汁原味地传播，除非是传播者出于某种目的故意增删或修改之后再分享。我们应该注意到，移动化的新媒体平台带来信息生产与传播的便利，也自然地带来了谣言信息的制造与传播的便利。易于传播很重要，会极大地提高传播的积极性和参与性。传播积极性越高，参与主题和主体越多，信息传播中的"谣言"也就越多。

1. 经典的谣言公式对谣言传播的解读

针对谣言的传播，奥尔波特和波斯曼在 1947 年提出了后来被认为是经典的谣言公式，即"R ~ I×a"（谣言公式）。也就是说，"流行谣言传播广度随其对相关人员的重要性（I）乘以该主题证据的含糊性（a）的变化而变化，重要性与含糊性之间的关系不是加法而是乘法，因为，如果两者之中有一个为 0，也就没有谣言了。"1953 年，克罗斯在奥尔波特和波斯曼的谣言公式中加入了

公众批判能力，将谣言公式修改为："$R \sim I \times a/c$"，其中，"c"代表公众对谣言的批判能力。

当然，谣言的产生和传播是一个非常复杂的过程，尤其在新媒体技术迅速发展的今天，再加上为数众多、分布在全世界各个地区的、具有不同背景、心理需求和目的的大众的参与，谣言的产生和传播过程不可避免地受很多偶然因素的影响，因此，通过一个简单的谣言公式，是很难覆盖全面的，从这个层面上来说，任何谣言公式都是不完善的。但谣言公式比较直观地反映了谣言产生的重要因素，并能帮助人们简便地了解谣言，从这个层面上来说，以上公式是非常有价值和意义的。

基于以上的谣言公式，很多研究者认为，只要信息透明，就可以杜绝谣言。实际上，在信息更加透明的新媒体时代，谣言并没有减少，而是更多。新媒体平台上的谣言能够收藏、保存、转发，因此容易多次和长时间内重复传播。而一些在社交媒体上传播的谣言本来就是为了故意吸引眼球，赚得粉丝关注，因此谣言内容具有很高的相关性和吸引力，容易得到关注和传播。而伴随着网络成长起来的青少年，很早就接触网络信息，在信息的海洋中徜徉，更加无从辨别信息的真伪。新媒体技术使得青少年接触到的网络谣言"感觉更像是真的""在场的"，觉得"有图，有视频，有真相"，极大地增加了谣言的蛊惑性。

2. "信息拼图"在网络谣言传播中的作用

借助网络平台，"信息拼图"在不实信息的拼接和被策划的舆论宣传中起着重要作用。如果关于事件的信息一开始是不实的和不全面的，而所谓的"了解真相"的网友也只是凭借道听途说和自己的猜测来发布信息，这样的信息一旦迅速拼接上，少量的真实的信息反而被排异，那么，不实的信息就主宰了舆论的主氛围。另外一种情形，便是有意的、故意的舆论宣传，比如网络营销公司利用水军造势，有选择性地发布信息，甚至编造信息，再由其他水军发布与之能够拼接的"支援性"信息，从而迅速构成"信息拼图"，形成"舆论"。

在新媒体时代，有时候打造和发布一条信息，不用标明该信息的可靠性或者来源，或者故意用不确定的来源，或者指明该消息来源为信息发布者的熟人、事件的当事人或目击者等让人更加容易相信的对象，以口耳相传、手机短信、新闻客户端评论或者社交网络等渠道和平台发布与传播，甚至能被大众媒体当作新闻由头来报道，再被传到网上，更加扩大了传播范围和关注热度。因此，"信息拼图"变得更加开放。而开放，就意味着有更多的可能性拼接，同时容易混杂更加不确定的信息。这就给有意利用"信息拼图"来故意传播不良、虚假、危害性谣言信息的人以可乘之机，他们见缝插针地散播各种信息来填补信息空白和缝隙，以实现自己想要的"信息拼图"，达到自己的目的。营销公司就正是借用新媒体时代大众对于所接收到的信息进行再创造的"信息拼图"能力，让大众"自动地"完成其对预期的事件或者话题的启动和热捧。

同时，利用以往的新闻事件，甚至是以往的谣言信息，经由技术性的改造而重新打造，以"新闻"的或者"谣言"的方式在网上传播开来的现象也很多。将以往新闻事件中的新闻要素，或者谣言信息中的不同构成因子进行重新拼接，要么转换了地理位置（即故事发生的地点），要么转换了故事中的某些元素（比如挖洞的时候看到蟒蛇，继而又在山上看到老虎等），要么改变了故事中的当事人（在场者、目击者、经历者、听说者等），要么转换了故事发生的时间等，使得重新拼接的文字、视频和画面大面积传播，再加上新媒体时代的大众拥有多种传播谣言的便捷途径，这些多源、多头的谣言信息被广泛传播开来。

有了网络和新媒体技术的保障，一些以往的旧帖经由网友移花接木式的加工，完完全全变成了新近发生的故事，在网上，甚至传统媒体上传播的现象也不鲜见。新媒体技术为谣言制造提供便利的一个重要途径是通过情境拼接，以"新闻"的方式发布以假乱真的信息，无论是文字的、图像的、声音的、影像的，还是多媒体的，经由对人物、地点、时间、不同事件、画面、音频、视频等的技术拼接，制造成全然像"新闻"那样的稿件，并以"新闻"的面目出现在各新媒体平台上，被想当然地认为是"新闻"的大众再进行评论和转发，成为像模像样的"新闻"，成为披上"新闻"外衣的谣言，其以"新闻"的面目被网友转发，在网络上大行其道。

有些时候，网友发布一些娱乐性与游戏性的谣言信息，那些清楚信息中故意留有破绽的网友很可能在其基础上"添油加醋"一番，再与其他网友们分享，将信息戏谑化，以"众娱众乐"为目的。但是，不明所以的部分网友则容易将其当作事实来理解和看待。而且，某些时候，网友们明知是不实消息，但为上下接龙或别的"好玩"的原因而传播，这也是一种网络时代特有的"谣言"传播中的娱乐性因素和特质。在这种情形下，谣言制造者和传播者都图一乐，并不在乎信息是否准确和真实。

3. 辟谣的滞后与难度

《诗·小雅·雨无止》中说，"辟言不信"，就是说，严肃的法度之言辟谣的时候，人们不会容易相信。大众本来就具有猎奇心理，谣言信息本身具有的不确定性使其更加具有神秘性，因此谣言信息具有较强的吸引力。谣言信息的传播中，悬疑更能增加故事情节的吸引力，对于不确定性消息的热衷与传播，比辟谣更加具有吸引力，也更加易于传播。当不确定性一旦定性了，就"死亡"了，没定性，也就是不确定性未消除之前，是"活"的，是不断被增删和修改的，是在"成长"的。而"活"的事物远比

"死"了的事物更具有吸引力。谣言所指涉的故事一旦"活着"，便有可延续性，从而不断产生变体，其生命力远比辟谣信息更强，这也就是辟谣的难度所在。

造成"辟谣"难度的，其一是辟谣者的权威性不够；其二是新媒体时代，当不确定性存在时，人们信谣、传谣，质疑谣言，一旦确定，即谣言已死，人们便不再有兴趣"信"和"传"辟谣信息了。有了多人的挖掘，靠着网友们自动和自觉的力量，以及线下的民间力量，有些谣言随着时间的推移，会自然消失，失去关注度，不再传播；其三是，由于信息的公开不够全面和及时，所以有一些谣言会长期潜伏，伺机出现，比如转基因食品相关的谣言，就长达数年。但媒体公开报道的信息显然不足以消除民众的猜疑和恐慌。

一方面，辟谣的滞后，甚至不辟谣，再加上对于某些问题辟谣难度大，使得一些悬而未决的谣言长时间存在。这些谣言的传播者仍然不明所以，各种猜测、质疑和求辟谣充满新媒体传播平台。另一方面，权威性或公信力不够的主体发布的辟谣信息，有时候不但没有起到预期的辟谣作用，反而在结果上是以辟谣的方式传播了谣言，有一些民众是在本不知某一谣言的情形下，看到了辟谣信息才知晓了谣言，但因辟谣主体缺乏权威性或公信力，大众宁愿相信谣言信息，而不相信辟谣信息。

三、应对谣言：培养孩子的理性与担当

谣言不可避免地夹杂在网络的信息海洋中，并且极具生命力和蛊惑性。而现实的情形是，少年儿童触网低龄化趋势越来越明显，以广东省少年儿童用网情况为例，2017 年 9 月底发布的《2017 年广东省少年儿童网络素养状况报告》显示，超 23% 的学龄前儿童（3~6 岁）日均使用网络时长在 30 分钟以上，而日均上网时长超过 30 分钟的 5 岁儿童已达 31.9%。且 3 岁儿童就已经开始使用 QQ 和微信，12 岁时拥有 QQ（87.9%）、微信（69.7%）的儿童比例超五成。儿童在网上娱乐、社交、表达方面的行为普及率不断上升，他们的上网知识已全面反超父母，几乎一半（49.2%）的儿童表示自己懂得的上网知识更多，61.6% 的父母认为自己上网知识不如自家孩子。既然孩子接触网络信息（自然也就包括网络谣言）越来越早，并且难以避免，那么，积极主动地引导孩子正确认识和了解网络谣言，尤其是引导和帮助孩子以更加科学理性的态度应对网络谣言，变得更加紧迫和重要。

1. 理性认识谣言的传播：提升媒介素养

网络平台提供了谣言制造、传播与扩散的便利。无论是传统媒体时代还是 Web2.0 之前的新媒体时代，信息的可溯源性很强，信息发布者只要发布了信息，或者在论坛、帖吧发了帖，

自己是没有权限修改或删除自己发布的内容的，而信息无论真伪，都可以溯源，有据可查，因此，信息发布者比较谨慎。但在Web2.0之后的新媒体时代，个人拥有了更多的权限和操作上的便捷，可以随意增添和删除自己发布的信息，并有了更多的即时互动性，信息的传播更加活跃和复杂，而对于信息的溯源也更加困难。

与此同时，我们要认识到，谣言并不是新媒体的专利，一些传统大众媒体和专业记者、编辑也有可能成为谣言的制造者和传播者。而且，在新媒体时代，通过大众媒体传播谣言的例子也有很多。大多数情况下，大众媒体对于谣言的制造与传播，都是通过媒体对于一些网络流传信息，甚至是对自己采访到的信息的误读而形成谣言信息传播与扩散的，或者是对一些小事件或事件中的一些因素放大，经过渲染，以吸引眼球而形成谣言信息的传播与扩散，或者是通过一些机构的设置与策划，而形成谣言信息的传播与扩散。在信息繁杂的新媒体时代，专业的媒体机构一旦有所疏漏，便很容易被策划。

媒介素养的提升需要我们每一个人更有责任、更有担当，这也是我们每一个人更深入、更全面和更理性认识谣言的前提和保障。面对谣言，我们过分恐慌和过分麻木都不可取。确定性的"信息拼图"离不开网民智慧，更离不开网络原住民的青少年们。而提高自己的网络素养不仅是对自己、对身边的人，也是对所有人有益的事情。

2．学习并遵守七条底线，积极响应倡议

有相当数量的谣言信息传播都会给正常的信息环境带来困扰，也会为正常的社会发展带来影响。以 2011 年 3 月日本发生地震与海啸产生的"碘盐防辐射"谣言为例，这一谣言使中国和欧美部分地区的民众都开始抢购碘盐。很快，全国多地超市的食盐被抢购一空，波及面非常广。抢购食盐现象的发生，反过来影响到了股市，中国 A 股市场 2 支平时比较平稳的盐业股突发暴涨。3 月 15 日，兰太实业（600328）涨停，云南盐化（002053）上涨 4.34%；17 日，兰太实业与云南盐化均涨停。在各地政府大力补库保证供应后，抢盐风潮消失，18 日开始，盐业股又大幅回落。兰太实业 18 日跳空低开，且以跌停报收。第二周，兰太实业和云南盐化继续下跌，股价回到日本地震发生前的价格水平。这就是一个食品相关谣言引发的社会、经济大联动现象。

也有些时候，谣言的制造与传播仅仅是出于娱乐和好玩的心态，但信息发布和传播后，造成非常严重的后果，影响了很多人的正常生活和工作。当然，谣言的制造者也要因此承担相应的法律责任。也有另一种情形是，由于谣言的存在，一些商品的销售受到抵制。比如柑橘里边有虫子的谣言，就在很大程度上影响了柑橘的销量。古往今来，谣言对于某些商品的抢购或者抵制，都

严重影响了自然的经济和市场规律，对经济的正常发展产生不利影响。其实，很多谣言不仅仅对经济，而且对个人、对社会、对国家都会产生很大的负面影响。

2013年8月10日，在国家互联网信息办公室举办的"网络名人社会责任论坛"上，网络名人就如何在互联网上发挥作用，传递正能量、抵制谣言、构建健康的网络环境进行讨论，并达成共识，提出网友遵守的七条原则，即"七条底线"：一是法律法规底线；二是社会主义制度底线；三是国家利益底线；四是公民合法权益底线；五是社会公共秩序底线；六是道德风尚底线；七是信息真实性底线。2014年11月25日，共青团中央、中国青少年新媒体协会举行"清朗网络·青年力量——青年网络文明志愿行动"启动仪式，向全国团员青年发出《清朗网络·青年力量》倡议书，号召团员青年们积极按照习近平总书记提出的"勤学、修德、明辨、笃实"要求，将共青团员的先进性和担当精神延伸到网上，在网上积极发出青年好声音、形成强劲青春正能量。

家长要帮助孩子学习并遵守七条底线，并积极响应清朗网络倡议，让孩子树立法律意识，严格遵守国家和相关部门制定的各项法律、法规，增强社会责任感，鼓励孩子对自己的言语和行为负责，做到文明上网、文明发言，并自觉做到不造谣、不传谣，面对可疑信息主动求证，不轻信谣言，发现谣言积极举报，不助长谣言的传播，维护良好的网络环境。

3. 主动了解和化解谣言信息带给孩子的负面影响

有一个案例是这样的：15 岁的李梅（化名），初中三年级，喜爱读书，性格开朗，理想是当一名企业家。为此她一直很用功，一心想考取名牌大学。可是，突然之间她变得萎靡不振，学习不再积极，考试成绩直线下降。究其原因，是李梅在上网时看到一条"新闻"，说国内某重点高校毕业生就业率连年降低，那些能当企业家的，都是因为他们"有背景"。李梅看到的新闻缺乏信息来源，且与事实严重不符，是一条网络谣言，但李梅信以为真，这给李梅带来很大的负面影响。

所以，在日常生活中，父母要勤于观察孩子的情绪，遇到孩子情绪低落、与日常表现大相径庭时，要主动询问原因，在帮助孩子了解谣言及其危害的基础上，更要进行反谣言的疏导和教育。在反谣言的疏导和教育中，最重要的是站在孩子的立场和角度，和孩子一起分析谣言所涉及的内容是否属于确定性的信息，是否有值得质疑的地方，是否需要更进一步求证。培养孩子的主动性和思辨力，帮助孩子做到不信谣、不传谣。同时，当孩子本人成为谣言的指涉对象，甚至成为谣言的受害者时，更需要父母的关心和疏导，必要的时候和孩子一起求助学校和相关机构。

4. 避免偏见先行，和孩子一起探寻真相

另一种情形是，父母听信谣言，进而干扰和影响孩子的选择。比如有谣言说，近视后摘掉眼镜，度数从 400 降到了 200。戴了眼镜之后，视力虽得以矫正，但适应之后，近视度数会继续加深，因此要反其道而行之，摘掉眼镜，让眼睛总是看不清，就可以起到锻炼视力的作用，使视力逐渐提高，甚至恢复视力。因此，一些家长不愿意给孩子配眼镜，担心孩子一旦戴上了眼镜，近视度数会越来越深。在这种情形下，父母需要将自己听信于谣言而产生的偏见暂放一边，和孩子一起探寻真相，防止因父母的偏执阻碍孩子的探究能力和探究热情。所以，父母面对谣言信息时，首先自己要有一定的判别力，并且以身作则，给孩子以主动探寻真相的榜样力量。

5. 我们的担当：不造谣、不传谣

2013 年 5 月 29 日，微博账号为"中大热点"的用户发布信息，其中还附有一张《关于 2013 年中山大学校名改动的通知》的红头文件截图。新浪微博用户"@ 中大热点"称"真不想改名啊"，并配上大哭表情，足以以假乱真。《南方都市报》记者在采访中山大学宣传部老师时了解到，此事纯属子虚乌有，为学生恶搞娱乐。创始者也许仅仅出于娱乐或者开玩笑心理制造了谣言，但其会借助如今非常便捷的新媒体平台传播开来，新媒体巨大的信息聚合作用有时候会以迅雷不及掩耳之势大范围传播。在了解到谣言可能为他人、为

社会造成巨大的危害之后，我们在制造信息和传播信息的时候就需要更加三思而后发，确保我们发送出去的信息是确定的、真实的，并且不会给他人和社会造成危害和损伤。而当我们在无形之中被卷入了网络谣言，尤其成为谣言信息指涉对象时，我们不要进一步制造派生谣言，以牙还牙。这时候，我们更有责任对谣言信息进行澄清，并在必要时借助法律、法规等有效手段，保护我们自己的权益。

6. 我们的责任：做确定性信息的探寻者

新媒体技术的发展和各种新媒体平台都为信息的拼接和还原事件的真实性提供了便捷。一是新媒体平台提供了快捷而又能够完整记录的途径，弥补了单靠人的大脑记忆容易产生记忆误差的缺陷；二是新媒体平台提供了多人互动、互相证伪或证实的可能，使得不可靠或者出现纰漏的记录在短时间内就可能被别的更加可靠而真实的记录所取代和淘汰。这就如同正在拼插的立体拼图，不适当的碎片非常容易被清理出局，而只有那些适当的碎片才能够天衣无缝地与别的碎片衔接，因为事实只有一个。因此，接近事实的碎片彼此能够契合。

普通民众相信和传播谣言，大多源于该谣言所涉及信息对个人的重要性和相关性，以及对不了解事物的恐惧和对未知事物的焦虑。我们不能止于甄别谣言，而应直涉"谣言"所含信息，利用网络时代特有的异地（包括同地不同角度）共时"信息拼图"，探寻确定性的信息。不确定性到确定性的探寻过程是求知与"实事求是""去伪存真"的过程，更是培养科学的理性思维的过程。对于非恶意的、未置可否的、模糊性的、试图解释的、质疑的谣言信息，我们应该在理解与尊重的基础上，挖掘确定性信息及其关联，以更加确定性的信息回应和反馈；而对于那些明显恶意的、不实的、含有诽谤性的谣言信息，我们在探寻真相的基础上，应该有理有据地向相关机构和平台举报，以己之力提高家人和民众的媒介素养与信息判断能力，共同营造良好的网上信息环境。

网络空间是我们共同的家园，我们需要更好地以科学、理性和客观的态度对待谣言，并更进一步理解自己在网上发布信息的责任。

本文系国家社科基金一般项目"移动终端谣言传播与社会认同影响及对策研究"（批准号：15BXW038）阶段性成果。

———————————— · 作者简介 · ————————————

雷 霞 中国社会科学院新闻与传播研究所副研究员，博士，国家社科基金新闻与传播学评审组学科秘书，香港城市大学媒体与传播系"中国大陆新闻传播青年学者访问项目"资助学者。目前，承担国家社科基金课题一般项目"移动终端谣言传播与社会认同影响及对策研究"，出版专著《移动新媒体时代的舆论引导研究》《新媒体时代抗议性谣言传播及其善治策略研究》等，在《新闻与传播研究》《现代传播》《新闻战线》等发表文章 40 多篇，研究方向为新媒体传播、谣言传播及组织文化传播等。

第三篇

法律保障

导读：丰富多彩的互联网已经全面渗透到青少年社会化的过程中，成为他们的生活方式。但是网络空间的虚拟性、匿名性、全球性等特点与青少年身心发展的特点叠加，给青少年的成长带来了许多不确定的风险。网络侵权、网络色情、网络欺凌、网络造谣、网络诈骗等网络犯罪层出不穷，青少年深受其害，也有的模仿着侵害他人。法律保护应更加全面、完善，国家、社会、家庭也要担负其责。

第 8 讲 未成年人网络空间权益的法律保护

郭开元

中国青少年研究中心青少年法律研究所所长、副研究员

要点采撷

◎ 网络空间是现实社会的延伸，不是法外之地，同样受法律规范的约束，存在规则和秩序。

◎ 未成年人最大利益原则体现了未成年人是权利主体和权利个体的理念，是未成年人权益保护的基本原则。

◎ 为实现未成年人利益的最大化，应当综合考虑未成年人的生存、发展、参与等各项权利，既要考虑眼前利益，又要考虑长远发展。

目前，互联网络渗透到社会的各个领域，网络空间成为独立于现实空间的活动场域。在网络空间，未成年人上网比例较大，中国互联网络信息中心发布的统计数据显示，截至 2015 年 12 月，未成年网民的规模是 1.34 亿人，占青少年网民的 46.6%、全体网民的 19.5%。丰富多彩的互联网已经全面渗透到未成年人社会化的过程中，成为他们的生活方式。网络技术的发展为未成年人的成长提供了多样化的资源和路径。但是，网络空间的虚拟性、匿名性、全球性等特点与未成年人身心发展特点叠加，给未成年人的发展带来了许多不确定的风险。如何有效地遏制网络色情、网络欺凌、网络侵权等问题，保护未成年人在网络空间中免受伤害，是促进未成年人健康发展的重要课题。

法律的功能在于保护权利，而弱势群体的权利保护在法律的实际运行中是特殊保护的重点。从这个意义上考量，网络空间的未成年人权益保护状况应是网络法治化水平的重要指标。我国没有专门的法律保护未成年人的网络权益，采取的是分散立法保护的模式，现行关于未成年人网络保护的法律分散在《宪法》《民法通则》《民法总则》《刑法》《未成年人保护法》《预防未成年人犯罪法》等法律法规以及部门规章中。在立法内容方面，早期的法律保护主要侧重于限制网络不良信息的传播对未成年人的影响；近期的立法主要关注并加强网络空间对未成年人的信息保护。

一、网络空间未成年人权益保护的理念

1. 网络空间的法治化

虽然网络空间是虚拟的，但是运用网络的主体是现实的，网络空间是现实社会的延伸，不是法外之地，同样受法律规范的约束，存在规则和秩序。自1994年国务院颁布《计算机信息系统安全保护条例》以来，我国制定了70多部与互联网相关的法律法规，尤其是2016年十二届全国人大常委会第二十四次会议通过了《网络安全法》，这是我国第一部全面规范网络空间安全管理的基础性法律，填补了法律空白，让网络空间治理有法可依。上述法律法规是保护未成年人网络空间合法权益的法律依据，网络空间的法治化要求依法保护未成年人的合法权益。

2. 未成年人最大利益原则

未成年人最大利益原则源于《儿童权利公约》规定的儿童利益最大化原则。1989年《儿童权利公约》确定了儿童利益最大化原则，这是国际上保护儿童权利的指导性原则。根据《儿童权利公约》的规定和精神，所谓儿童利益最大化原则，是指关于儿童的一切行动，不论是由公私社会福利机构、法院，还是行政当局或立法机构执行，均应以儿童的最大利益为首要考虑，即社会和成人做决定时应考虑并符合儿童的最高利益，尊重儿童的基本权利，应最大限度地保护儿童的生存和发展。儿童利益最大化原则的核心理念是把儿童利益作为首要考虑，按照最有利于儿童的原则来调整和处理儿童权益的法律保护问题。

结合我国实际，未成年人最大利益原则应体现在两个方面：一是优先保护原则。所谓优先保护原则，是指对未成年人的权利，对他们的生存、保护和发展给予高度优先，无论任何机构、任何情况下，都应该把儿童放在最优先考虑的地位。[1]二是促进儿童的全面发展、和谐发展。总之，未成年人最大利益原则体现了未成年人是权利主体和权利个体的理念，是未成年人权益保护的基本原则。为实现未成年人利益的最大化，应当综合考虑未成年人的生存、发展、参与等各项权利，既要考虑眼前利益，又要考虑长远发展，从而促进未成年人的身心健康发展。因此，在网络空间，未成年人最大利益原则与"以人为本"的理念相契合，要把对未成年人权益的特殊保护和优先保护作为网络立法工作的出发点和落脚点。

二、未成年人上网权利的特殊保护

随着网络技术的发展，网络成为全球性的资源，作为知识信

1　全国人大内务司法委员会、未成年人保护法修订起草组：《未成年人保护法学习读本》，中国民主法制出版社，2007，第47页。

息的载体，网络成为学习知识的工具和手段。在网络时代，网络资源与人的健康发展有着密切关系。未成年人可以在网络上找到自己学习的资料并可以通过网络与人沟通交流，这有利于未成年人的健康成长。学习和掌握网络技术，是信息时代未成年人正常社会化的需要。因此，立法要充分保障未成年人上网的权利，未成年人享有自由地使用网络资源的权利。《未成年人保护法》第三十一条规定："县级以上人民政府及其教育行政部门应当采取措施，鼓励和支持中小学校在节假日期间将文化体育设施对未成年人免费或者优惠开放。社区中的公益性互联网上网服务设施，应当对未成年人免费或者优惠开放，为未成年人提供安全、健康的上网服务。"

但是，由于未成年人具有不同于一般网民的身心特点，对其网络权益需要特殊保护。首先，未成年人的价值观尚未形成，是非判断能力低，对外界环境的影响缺乏抵抗力；其次，未成年人的心理和人格发展尚未成熟，自我控制力低，容易受到网络不良信息的负面影响；再次，未成年人具有强烈的好奇心，猎奇的欲望强，容易受到蛊惑。基于未成年人上述的身心特点，法律要给予未成年人更多的权利保护。在网络空间，我国相继制定颁布了一系列与互联网相关的法律法规，对未成年人的合法权益进行特殊保护。

2001 年颁布的《互联网上网服务营业场所管理办法》第十条规定："互联网上网服务营业场所经营者，应当履行下列义务：……（六）不得在本办法限定的时间外向 18 岁以下的未成年人开放，不允许无监护人陪伴的未成年人进入营业场所。"第十三条规定："互联网上网服务营业场所的营业时间由经营者自行决定；但是，向未成年人开放的时间限于国家法定节假日每日 8 时到 21 时。"从上述关于未成年人上网的特殊法律规定可知，限定未成年人的上网时间和上网方式是为了保护未成年人免受网络上一些有害信息的伤害和预防未成年人沉迷网络而做出的较为严厉的规定，未成年人不能在法律规定之外的时间进入互联网上网服务营业场所，这是对未成年人的特殊保护。

鉴于对网络对未成年人危害更深层次的认知，2002 年颁布的《互联网上网服务营业场所管理条例》第二十一条规定："互联网上网服务营业场所经营单位不得接纳未成年人进入营业场所。互联网上网服务营业场所经营单位应当在营业场所入口处的显著位置悬挂未成年人禁入标志。"立法采取了更严厉的立场，将未成年人完全排除在互联网上网服务营业场所之外，即完全禁止未成年人进入互联网上网服务营业场所。立法采取将未成年人与网络隔绝的立场和方式保护未成年人的健康成长，这具有现实复杂的立法背景。

网络空间的特点决定着网络是一把"双刃剑"，网络上既有丰富的学习资源，也有大量的虚假信息、色情信息、暴力信息，未成年人的身心特点致使未成年人成为网络有害信息的最大受害群体，一些扭曲的价值观会影响未成年人的健康成长。因此，为了将网络有害信息对未成年人的伤害降到最低，立法对未成年人的上网行为做出了严厉的限定。总之，依法治理网络空间应在完善网络治理与未成年人网络保护方面找到合理的切入点，侧重对未成年人权益的特殊保护。

三、网络空间未成年人的民事权益保护

在网络时代，利用网络侵害公民的名誉权、隐私权、姓名权、肖像权等民事权益问题日益突出，互联网的发展对未成年人的民事权益保护提出了新的挑战。

1. 未成年人网络姓名权的保护

（1）网络姓名权的概念和内容

姓名权是自然人享有的重要的人格权，是未成年人依法享有的决定、变更和使用自己的姓名并排除他人干涉或非法使用的权利。《民法通则》和《民法总则》都规定了公民的姓名权。在网络空间，公民同样享有姓名权，即公民享有在网络中按照法律规定使用自己真实姓名的权利，禁止他人在网络中假冒、非法使用自己姓名。未成年人在网络中可以在法律允许的范围内用自己的真实姓名写网络博客、进行网络聊天、玩网络游戏等。

（2）未成年人网络姓名权的保护

未成年人有权在网络中按照法律规定使用自己的真实姓名，禁止他人在网络中假冒、盗用自己的姓名实施网络行为。网络服务商在发现有侵犯未成年人姓名权的网络行为时，应及时采取技术手段阻止侵权行为，根据相关法律法规制定网站行为规范，警示网民不得侵犯未成年人的网络姓名权。

2. 未成年人网络名誉权的保护

（1）网络名誉权的概念和内容

在现实社会中，名誉权受到法律保护；在网络空间中，名誉权同样受到法律保护。所谓网络名誉权，是指公民享有的对自己在社会生活中获得的社会评价在网络环境中不受他人侵犯的权利。网络的匿名性、开放性等特点，容易使网络成为发泄不满和私愤的场域，有些人经常在网络上对他人实施辱骂、恐吓等行为，恶意贬低他人的人格，捏造事实并在网络上广泛传播。

（2）未成年人网络名誉权的保护

对未成年人网络名誉权的保护主要体现为法律明确规定了对名誉侵权行为方式的禁止以及侵权行为所应承担的民事责任。《民法通则》第一百零一条规定："公民、法人享有名誉权，公民的人格尊严受法律保护，禁止用侮辱、诽谤等方式损害公民法人的名誉。"第一百二十条规定："公民的名誉权受到侵害的，有权要求停止侵害，恢复名誉，消除影响，赔礼道歉，并要求损害赔偿。"未成年人网络名誉权的刑法保护主要体现为明确规定了侵犯名誉权的侮辱、诽谤行为的刑事责任。《刑法》第二百四十六条规定："以暴力或者其他方法公然侮辱他人或者捏造事实诽谤他人，情节严重的，处三年以下有期徒刑、拘役、管制或者剥夺政治权利。"因此，在网络空间，侵犯未成年人名誉权的侮辱、诽谤行为具有社会危害性，情节严重的，构成侮辱、诽谤罪的，要依法承担相应的刑事责任。

3. 未成年人网络隐私权的保护

（1）网络隐私权的概念和内容

隐私是一个受社会经济、文化等因素制约的概念，在不同国家有不同的内涵。在我国，隐私主要是指与公共利益无关的，当事人不愿公开或者不愿他人知道的私人信息。隐私权是现代法律对公民隐私进行法律保护的制度，是指公民享有的私人信息和私人生活安宁依法受到保护，不被他人非法侵扰、知悉、搜集、利用和公开的人格权。隐私权划定了个人空间与公共空间的界限，主要包括私生活秘密权、私生活安宁权等内容。网络隐私权是传统隐私权在网络环境的延伸，是对网上个人信息的法律保护。未成年人网络隐私保护的客体主要是未成年人个人信息和网上活动。其中，未成年人的个人信息是指未成年人在网上的身份识别信息和财产信用信息，主要包括未成年人在网络上注册登记的姓名、性别、年龄、家庭住址、身份证号码、网上账号和密码、个人邮箱地址、微信号等信息。未成年人网上活动，主要是指未成年人在网络上的活动轨迹，包括浏览过的网页和网站。

因此，未成年人网络隐私权的内容主要包括三个方面：第一，网络个人信息收集、利用的同意权。未经未成年人及其监护人的同意，不得对未成年人的网络个人信息进行收集和利用。第二，网络个人信息的查询、更正权。未成年人及其监护人有权通过合理的途径访问、查询未成年人本人的网络信息资料，并针对错误的信息进行修改，对缺少的信息进行补充，对不需要的数据信息进行删除，保证个人网络信息的准确和完整。第三，网络个人信息的安全请求权。未成年人及其监护人有权要求网站、网络服务提供商采取必要、合理的措施保证其个人资料信息的安全性。

随着互联网的发展，网络隐私权的保护成为关注的焦点，未成年人网络隐私权的保护更显突出。与成年人相比较，未成年人的个人隐私受保护的范围更广泛。未成年人身心不成熟，属于无民事行为能力人或者限制民事行为能力人，他们缺乏对自己行为的判断能力和自我保护能力，在脱离监护人监护的情况下，未成年人上网时其个人信息较成年人更容易泄露，网络隐私权更容易受到侵害。另外，未成年人的维权意识普遍淡薄，在自己的个人信息被侵犯时意识不到或者不知如何维权，听之任之，从而姑息放纵了侵权行为。

在网络空间中，侵犯未成年人隐私权的行为主要是"人肉搜索"。"人肉搜索"是一个网络用语，是指利用现代信息技术，搜集个人的隐私信息。2007 年 12 月在一则关于净化网络视听的新闻里张某凡（年仅 13 岁）因接受采访并说了一句"很黄很暴力"，遭到网友"人肉搜索"。网友围绕着"很黄很暴力"这句话对张某凡进行责备、嘲讽，使其身心受到了严重伤害。这个事件说明在网络空间中对未成年人隐私权保护的重要性。因此，在网络空间，对未成年人隐私权的保护是未成年人网络保护的重要内容。

（2）未成年人网络隐私权的法律保护

关于隐私权保护，我国民事法律、刑事法律等都有明确规定，并且立法内容逐步完善。

首先，在隐私权的民事法律保护方面，虽然我国《民法通则》没有规定隐私权，但是 1988 年最高人民法院在《关于贯彻执行〈民法通则〉若干问题的意见（试行）》中以名誉权间接保护隐私权，第一百四十条规定："以书面、口头等形式宣扬他人隐私，或者捏造事实公然丑化他人人格，以及用侮辱、诽谤等方式损害他人名誉，造成一定影响的，应当认定为侵害公民名誉权的行为。"2017 年 10 月 1 日生效的《民法总则》第一百一十条规定："自然人享有生命权、身体权、健康权、姓名权、肖像权、荣誉权、隐私权、婚姻自主权等权利。"第一百一十一条规定："自然人的个人信息受法律保护。任何组织和个人需要获取他人个人信息的，应当依法取得并确保信息安全，不得非法收集、使用、加工、传输他人个人信息，不得非法买卖、提供或者公开他人个人信息。"

其次，在隐私权的刑事法律保护方面，2015 年制定的《刑法修正案（九）》在《刑法》第二百四十六条中增加一款作为第三款，明确规定了通过信息网络实施公然侮辱或者捏造事实诽谤他人的行为，情节严重的，处三年以下有期徒刑、拘役、管制或者剥夺政治权利，被害人向人民法院告诉，但提供证据确有困难的，人民法院可以要求公安机关提供协助。

再次，关于未成年人隐私权的保护，《未成年人保护法》和《预防未成年人犯罪法》中有专门的法律规定。其中，2006 年修订的《未成年人保护法》第三十九条规定："任何组织和个人不得披露未成年人的个人隐私。对未成年人的信件、日记、电子邮件，任何组织或者个人不得隐匿、毁弃；除因追查犯罪的需要，由公安机关或者人民检察院依法进行检查，或者对无行为能力的未成年人的信件、日记、电子邮件由其父母或者其他监护人代为开拆、查阅外，任何组织或者个人不得开拆、查阅。"《预防未成年人犯罪法》第四十五条第三款规定："对未成年人犯罪案件，新闻报道、影视节目、公开出版物不得披露该未成年人的姓名、住所、照片及可能推断出该未成年人的资料。"

4. 未成年人网络虚拟财产的保护

网络虚拟财产是指存在于网络空间中的、具有使用价值和交换价值的、可以人为控制的财产性利益。在网络空间，虚拟财产是一种数字化、非物化的财产形式，主要是指网络游戏、电子邮件等一系列信息类产品。由于目前网络游戏的盛行，虚拟财产在很大程度上是指网络游戏空间存在的财物，包括游戏账号、游戏货币、游戏人物拥有的各种装备等，这些虚拟财产在一定条件下可以转换成现实中的财产。

2003 年，我国出现了首例网络虚拟财产纠纷案。李某是在线收费网游《红月》的玩家，其账号中耗时两年、花费上万元现金购得的几十种虚拟"生化武器"突然不翼而飞，在与网游运营商北京某公司交涉未果的情况下，李某将该公司诉至北京市朝阳区人民法院。法院审理认为，虽然虚拟装备是无形的且存在于特殊的网络游戏环境中，但并不影响虚拟物品作为无形财产的一种并获得法律上的适当评价和救济。法院判决该公司将李某在游戏中丢失的虚拟装备恢复，并赔偿相应的经济损失。通过该案说明，网络虚拟财产是一种无形财产。此案之后，也出现了一些网络游戏装备被盗窃或被抢劫等类似案件。2004 年 8 月至 10 月间，网游《大话西游 II》中多位玩家的游戏装备被盗；2006 年 5 月腾讯公司数以万计用户的 QQ 号以及 QQ 号里的 Q 币被盗；2008 年沈阳市发生抢劫 Q 币、游戏币和游戏装备等网络虚拟财产的行为。这些案件说明，在网络空间，虚拟财产作为财产，需要受到法律的保护。

法律要跟上时代的发展，及时满足社会发展和科技进步带来的需求，否则，新出现的法律关系不能及时得到调整，当事人的合法权益不能得到有效保护，这就违背了法律的宗旨。网络虚拟财产在我国属于新生事物，法律对其进行保护需要逐步完善。（1）《宪法》和《民法通则》的相关规定为虚拟网络财产保护提供了法律解释的空间。我国《宪法》明确规定保护公民的合法私有财产，这一概括规定为私有财产的解释提供了较大空间；《民法通则》规定："公民的个人财产包括公民的合法收入、房屋、储蓄、生活用品、文物、图书资料、林木、牲畜和法律允许公民所有的生产资料及其他合法财产。"为"其他合法财产"的解释提供了空间。（2）《关于维护互联网安全的决定》对网络虚拟财产的保护依然没有明确，第六条规定："利用互联网侵犯他人合法权益，构成民事侵权的，依法承担民事责任。"该决定对网络虚拟财产的保护依然没有明确规定，但是也没有否定对网络虚拟财产的保护，这同样给解释提供了空间。（3）2017年3月15日十二届全国人大五次会议表决通过的、2017年10月1日生效的《中华人民共和国民法总则》第一百二十七条规定："法律对数据、网络虚拟财产的保护有规定的，依照其规定。"这是我国民事基本法第一次对网络虚拟财产做出规定，"网络虚拟财产"这一概念正式作为一项民事权利被写入我国基本法律中，适应了互联网和大数据时代发展的需要。因此，根据我国《民法总则》的规定，在网络空间，未成年人享有网络虚拟财产权利，具体内容是未成年人对 Q 币、游戏币和游戏装备等虚拟财产享有民事权利。在网络空间中，以盗窃、抢劫等行为方式非法侵害未成年人游戏币、游戏装备等财物的，就侵犯了未成年人的虚拟财产权利，要承担相应的法律责任。

四、限制网络不良信息的传播对未成年人的影响

网络不良信息是指影响未成年人身心健康成长，容易使未成年人的心理和行为偏离社会主流文化的网络信息，主要包括低俗的网络小说，宣传暴力、色情的游戏、电影、聊天等信息。由于未成年人的身心发育不成熟，对信息识别能力差，自控能力弱，模仿性强，容易受到网络不良信息的影响而产生违法犯罪行为。因此，限制网络不良信息的传播，避免和减少网络不良信息对未成年人的影响，是未成年人网络保护的重要内容。

为了给未成年人提供清朗的网络空间，我国法律对网络不良信息的内容予以明确规定。《未成年人保护法》第三十四条规定："禁止任何组织、个人制作或者向未成年人出售、出租或者以其他方式传播淫秽、暴力、凶杀、恐怖、赌博等毒害未成年人的图书、

报刊、音像制品、电子出版物以及网络信息等。"1997 年，公安部制定了《计算机信息网络国际联网安全保护管理办法》，第一次系统地对互联网内容进行了规范，规定了九种非法信息：反对《宪法》所确定的基本原则的；危害国家安全，泄露国家秘密，颠覆国家政权，破坏国家统一的；损害国家荣誉和利益的；煽动民族仇恨、民族歧视，破坏民族团结的；破坏国家宗教政策，宣扬邪教和封建迷信的；散布谣言，扰乱社会秩序，破坏社会稳定的；散布淫秽、色情、赌博、暴力、凶杀、恐怖或者教唆犯罪的；侮辱或者诽谤他人，侵害他人合法权益的；含有法律、行政法规禁止的其他内容。上述法律规定，为界定网络不良信息和治理网络空间提供了法律依据。

在我国，为了更好地净化网络空间，2008~2009 年出现了对过滤网络不良信息的探索。2008 年 1 月，工信部向社会征集绿色上网过滤软件，同年 5 月，"绿坝"软件被工信部耗资 4170 万元人民币采购。2009 年 5 月，教育部联合财政部、工业和信息化部、国务院新闻办公室要求全国各中小学校联网计算机均安装运行绿坝—花季护航软件，工信部并于 5 月 19 日下发了《关于计算机预装绿色上网过滤软件的通知》，要求 2009 年 7 月 1 日后出厂和销售的计算机一律预装"绿坝"于计算机硬盘或随机光盘内。然而由于多方面原因，该项探索未能坚持。

2010 年，《教育部关于加强中小学网络道德教育抵制网络不良信息的通知》提出了五项强化中小学生有效抵制网络不良信息的举措：（1）加强网络道德教育，自觉践行《全国青少年网络文明公约》。（2）加强网络法制教育，贯彻落实《中小学法制教育指导纲要》。（3）加强绿色网络建设。（4）加强重点关注和引导。特别强调对有沉溺网络、行为举止异常或学习成绩突然下降等状况的学生要及时进行疏导和教育。要十分关心进城务工人员随迁子女和留守儿童的学习生活；校外活动场所要面向广大青少年学生，特别是进城务工人员随迁子女和留守儿童，组织开展丰富多彩的活动，让他们感受到社会大家庭的温暖。（5）加强学校家庭合作。各地教育行政部门和中小学要联合家长共同做好抵制互联网和手机不良信息工作。各地中小学要利用多种形式，争取广大家长与学校一起有效监控和引导学生正确使用互联网和手机。倡导家长对孩子上网和使用手机进行引导和合理约束，教育孩子远离成人聊天室和黄色网站；尽量避免孩子在家独自上网；多花时间与孩子交流，多带孩子参加有益的活动。

为进一步净化网络环境，保护未成年人的健康成长，国家互联网信息办公室在全国范围内开展"护苗网上行动"，将"微领域"作为惩治重点，对淫秽色情、暴力、恐怖、残酷、迷信等危害少年儿童身心健康的信息进行全面清理。另外，国家网信办还直接督导腾讯、新浪微博、百度、奇虎360等主要互联网企业清理危害青少年成长的有害信息。腾讯、新浪、百度、奇虎360等互联网企业承诺为青少年提供健康清朗的网络空间。

加强对未成年人开展网络不良信息的教育，提高未成年人识别和拒绝网络不良信息的能力，是避免和减少未成年人受到网络不良信息侵害的重要举措。根据教育部颁布的《中小学公共安全教育指导纲要》的规定，要分阶段、分模块对中小学生开展网络安全教育，包含抵制网络不良信息的教育。其中，对 4~6 年级的小学生开展预防和应对网络、信息安全事故的教育，主要内容包括：(1)初步认识网络资源的积极意义和了解网络不良信息的危害；(2)初步学会合理使用网络资源，努力增强对各种信息的辨别能力；(3)学会控制自己的行为，防止沉迷网络游戏和其他电子游戏。对初中年级的学生开展预防和应对网络、信息安全事故的教育，主要内容包括：(1)自觉遵守与信息活动相关的各种法律法规，抵制网络上各种不良信息的诱惑，提高自我保护和预防违法犯罪的意识；(2)合理利用网络，学会判断和有效拒绝的技能，避免迷恋网络带来的危害。对高中年级的学生开展预防和应对网络、信息安全事故的教育，主要内容包括：(1)树立网络交流中的安全意识，养成良好的利用网络习惯，提高网络道德素养；(2)树立不利用网络发送有害信息或进行反动、色情、迷信等宣传活动以及窃取国家、教育行政部门和学校保密信息的牢固意识。

五、预防未成年人网络沉迷

从心理学的角度分析，网络沉迷是指持续性从事网络活动，影响正常的学习生活。网络沉迷对未成年人的伤害比较大，沉迷网络的未成年人在被迫停止网络活动后，会出现情绪低落、脾气暴躁、思维迟缓、自我评价降低、焦虑、颤抖、沮丧、绝望等"退缩症状"，甚至会出现毁物、自残、自杀等冲动行为。社会上发生的因沉迷网络游戏而自杀自残的案件印证了这一点。江西省南昌市一名17岁的高三学生余某，连续逃课上网两个月，在玩网络游戏时，因紧张激动在网吧倒地猝死。江苏省昆山市袁某是一名16岁的中学生，为了"反抗"父母禁止他去网吧玩网络游戏，竟用菜刀砍下自己的左手小拇指。

造成未成年人沉迷网络游戏的原因是多方面的，网络对未成年人具有独特的吸引力，网络空间的开放性、平等性、时尚性和虚拟性等特征，更能够满足未成年人对尊重、归属感、好奇心和自我实现等方面的心理需求。未成年人具有强烈的好奇心和求知欲，与互联网有天然的亲近感，但是他们正处于身心发展剧烈变化的时期，分析、判断和自我控制能力较弱，容易出现沉迷网络的情况。另外，大多数网络游戏都设置了经验值增长和虚拟物品奖励功能，而获得上述奖励，主要靠长时间在线累计，由于未成年人自我调节能力较弱，自我控制能力低，因而容易沉迷网络，难以自拔，严重损害了未成年人的身心健康。

我国制定了一系列法律法规，采取了许多措施，旨在解决未成年人网络沉迷，尤其是网络游戏沉迷问题。

首先，为预防未成年人网络沉迷，我国制定一系列法律法规，规定国家和政府部门要承担首要的责任。《未成年人保护法》第三十三条规定："国家采取措施，预防未成年人沉迷网络。""国家鼓励研究开发有利于未成年人健康成长的网络产品，推广用于阻止未成年人沉迷网络的新技术。"第三十六条规定："中小学校园周边不得设置营业性歌舞娱乐场所、互联网上网服务营业场所等不适宜未成年人活动的场所。""营业性歌舞娱乐场所、互联网上网服务营业场所等不适宜未成年人活动的场所，不得允许未成年人进入，经营者应当在显著位置设置未成年人禁入标志；对难以判明是否已成年的，应当要求其出示身份证件。"

2005年，《文化部、信息产业部关于网络游戏发展和管理的若干意见》启动了对网络游戏的监督管理。2007年，新闻出版总署、教育部和公安部等发布了《关于保护未成年人身心健康实施网络游戏防沉迷系统的通知》，明确提出了五项严打措施：（1）严厉查处网吧违法经营行为，要求文化行政部门要以禁止网吧接纳未成年人为工作重点，坚持严管重罚，强化市场退出机制；（2）坚决取缔黑网吧；（3）根治黑网吧生存的条件和环境；（4）规范对学校内上网场所的管理；（5）打击和防范网络游戏经营活动中的违法犯罪行为。

文化部、国家工商行政管理总局、公安部、信息产业部等发布了《关于进一步加强网吧及网络游戏管理工作的通知》，明确提出了六项治本之策：（1）严格控制网吧总量；（2）着力推进网吧存量市场结构调整；（3）加大对网络游戏的管理力度，实现监管关口前移；（4）广泛发动社会监督，积极引导行业自律；（5）加强公益性上网场所的建设与管理；（6）实施预防、干预、控制网络成瘾的系统工程。2008年，团中央办公厅出台了《关于实施青少年网络建设工程的方案》，提出力争用2至3年的时间，实现六项工作目标：建设网上共青团组织活动阵地、构建青少年网络服务平台、建设全团信息化网络、建立联系网络工作者的组织渠道、为青少年提供健康网络文化服务的社会网站、建设网络产品研发基地。

2010~2011年，加强了对未成年人沉迷网络游戏问题的治理。2010年，文化部网络游戏内容审查专家委员会等联合发布了《未成年人健康参与网络游戏提示》，提示未成年人家长共同参与防止未成年人沉迷网络游戏的治理。2011年，多个国家部门或机构联合在全国启动了两项工程：一是防沉迷网络游戏实名验证工程，二是家长监护防止未成年人沉迷网络游戏工程。

其次，网络游戏服务提供者应当建立、完善预防未成年人沉迷网络游戏的游戏规则，对可能诱发未成年人沉迷网络游戏的游戏规则进行技术改造。为了更有效地解决未成年人沉迷网络游戏的社会问题，新闻出版总署、教育部、信息产业部、公安部等八部委要求国内各网络游戏企业需按照《网络游戏防沉迷系统开发标准》在原有网络游戏中开发安装防沉迷系统，并正式投入使用。《网络游戏防沉迷系统开发标准》规定：未成年人累计 3 小时以内的游戏时间为"健康"游戏时间，超过 3 小时后的 2 小时游戏时间为"疲劳"时间，在此时间段获得的游戏收益将减半。如累计游戏时间超过 5 小时即为"不健康"游戏时间，收益将降为 0，以此促使未成年人下线。按照上述要求，网络游戏服务提供者采取技术措施，禁止未成年人接触其不适宜接触的游戏或游戏功能，限制未成年人连续使用游戏的时间和单日累计使用游戏的时间，以文字提示、警示的方式提醒未成年人健康使用网络游戏，改变不利于未成年人身心健康的不良游戏习惯。

再次，为预防未成年人沉迷网络，家庭、学校应当教育、引导未成年人正确使用网络，健康参与网络游戏。在家庭中，监护人要加强对未成年人的监护、引导，教育未成年人不玩大型角色扮演类游戏，不玩 PK 类设置的游戏，多与未成年人沟通交流，引导未成年人不将玩网络游戏作为缓解精神压力的方式。对于有沉迷网络倾向的未成年学生，学校应当指导其监护人开展家庭教育，配合家庭、社区及其他机构进行教育引导。教育、卫生计生等部门依据各自职责，组织开展预防未成年人沉迷网络的宣传教育，对未成年人沉迷网络实施干预，开展科学化、专业化矫治。

—— · 作者简介 · ——

郭开元　中国青少年研究中心青少年法律研究所所长、副研究员，法学博士，兼任中国青少年研究会副秘书长、中国预防青少年犯罪研究会理事。主要研究领域：青少年法律和政策、青少年权益保护和犯罪预防。注重实证调查，主持"未成年人网络沉迷状况研究""新生代农民工权益保障研究""未成年人犯罪状况及治理对策研究""农村留守儿童权益保障研究""网络不良信息与未成年人保护研究"等课题。

代表性论文主要有《犯罪预防视阈中的专门学校教育改革和发展》《新生代农民工犯罪状况调查报告》《中国未成年犯的群体特征分析》《论未成年人刑事审判中的社会调查制度》《我国政策制定中的青年参与》等；代表性著作有《青少年犯罪预防的理论和实务研究》（专著）、《未成年人网络沉迷状况及对策研究报告》（主编）、《新生代农民工权益保障研究》（主编）、《我国未成年人犯罪的基本状况和治理对策》（主编）等。在未成年人网络沉迷、网络不良信息与未成年人保护、未成年人网络违法犯罪预防等方面有较为深入的研究，多次接受中央电视台、北京电视台、《中国青年报》等媒体的采访，针对青少年网络权益保护和犯罪预防提出意见和建议。

第9讲　预防网络犯罪，保护青少年权益

钟　华

香港中文大学社会学系副教授

张韵然

香港中文大学社会学系博士候选人

要点采撷

◎ 淫秽色情信息、网络诈骗、网络自杀论坛或游戏、网络欺凌是中国青少年经常遇到的网络安全问题。

◎ 通过设定规则和修建障碍，吸引更多合法公民参与并阻吓潜在犯罪分子，原本藏污纳垢的无序虚拟空间完全有可能转化为适合广大青少年的健康空间。

◎ 在 E 时代的今天，我们不能为了保护孩子免受网络侵害，就把他们与互联网隔绝，这是不可取也不现实的；提升全社会的安全意识和保护能力，才是可行之道。

近年来，网络科技高速发展，与互联网的迅速普及同步的是层出不穷的网络犯罪案件，网络犯罪的低成本性和高隐蔽性为各类犯罪提供了极大的便利。除了人们耳熟能详的网络诈骗和信息盗窃等因网络兴起而出现的新型犯罪外，许多传统犯罪也开始以互联网为媒介大肆蔓延，诸如网络贩毒和线上卖淫等违法犯罪活动屡禁不止。因此，互联网在给我们的生活带来便利的同时也裹挟着诸多风险，在网络犯罪日益猖獗的 21 世纪，推进公民网络安全教育迫在眉睫[1]。

中国的互联网用户数量庞大且增速惊人。最新的《中国互联网络发展状况统计报告》显示，截至 2017 年上半年，我国互联网用户已经达到 7.51 亿人，覆盖率达到 54.3%[2]。其中，10 岁以下网民占比约为 2.9%，10~19 岁的网民占比约为 20.1%[3]。事实上，在今天的中国家庭里，很多儿童出生不久就开始接触智能手机、iPad 等各种电子产品。随着儿童年岁渐长，同幼儿时期不同，他们不再依赖成年人就可以借助电子产品接触到互联网，因此，网

---

1 Li Xingan, "Taxonomy of Cybercrime", *Journal of Legal Studies* 1 (2016): 1-27.

2 China Internet Network Information Center, *Global Chinese Phishing Website Report*, Retrieved from https://www.cnnic.cn/ gywm/xwzx/rdxw/20172017/201706/P020170609490614069178.pdf (in Chinese), 2017.

3 中青奇未:《互联网不良信息对青少年危害分析年度报告》，2017。

络空间里大量未经成年人筛选的垃圾信息甚至有害信息便毫无阻碍地呈现在缺乏分辨力的孩子们面前。随后，孩子们开始拥有自己的网络社交账户，他们在通过社交媒体与来自全球的公民建立联系的同时，也把自己暴露在一个更加复杂和危险的网络空间里。

为了让更多的父母和青少年更系统地了解网络犯罪及预防措施，本文首先介绍网络犯罪的分类以及目前中国网络犯罪的现状，然后对以青少年为主要对象的网络侵害进行重点讨论，最后基于犯罪学日常活动理论（Routine Activity Theory）为预防网络犯罪提出可行性建议。

一、网络犯罪的类型

根据定义等不同的分类标准，学术界对网络犯罪有多种分类方法。Bequai 认为网络犯罪是白领犯罪的一部分，他在 1983 年将其分为七类，包括财务盗窃、欺诈和滥用、财产盗窃、滥用资料、未经许可使用服务、故意破坏以及从事政治和工商业间谍或破坏活动。随着时代的发展，计算机网络犯罪的类型日新月异，学者们更倾向于使用一些基本原则来进行分类。比如 1997 年 MacKinnon 将网络犯罪分为计算机"顺带的"罪行（该案件只是恰巧和计算机有关）和以计算机为工具的犯罪 [1]。2000 年，美国司法部将计算机犯罪分为三大类：以计算机为目标的犯罪、将计算机当作存储设备的犯罪以及使用计算机作为通信工具的犯罪。同前人类似，2016 年，Grabosky 的三分法也主要根据计算机网络在犯罪中的三种不同作用：计算机网络作为犯罪的工具、计算机网络是该罪行的目标，以及计算机网络只是"顺带"与该罪行有关。[2] 同年，Grabosky 对网络犯罪的界定是："传统"犯罪类型使用了计算机网络新科技以及与计算机网络新科技有关的"新型"犯罪。

目前，欧盟对网络犯罪的法律定义结合了以上多种分类原则，因此我们主要采纳了欧盟的分类方式，即网络犯罪大体上可以分为以下四种类型：

（1）涉及计算机数据／系统的相关罪行，比如通过网络插件非法获取他人的隐私信息；

（2）使用计算机或互联网作为辅助手段的罪行，比如利用网络进行诈骗；

（3）与内容有关的罪行，比如网上传播儿童淫秽图片；

1　广州市青年文化宫、香港游乐场协会、澳门街坊会联合总会联合发布《青少年网络欺凌调查报告》，2016。

2　Peter N. Grabosky, *Cybercrime*, New York: Oxford University Press, 2016.

（4）与版权有关的罪行，比如上传或下载未经授权的影视节目。

表 1 总结了网络犯罪的常用相关术语，以便普通读者能够对这一领域有大致的了解。

表 1 网络犯罪术语[1]

术语	定义
分布式拒绝服务攻击（Distributed Denial of Service Attack，缩写：DDOS）	一种网络攻击手法，个人（通常是黑客）通过远程控制网络上两个或以上被攻陷的电脑作为"僵尸"向特定的目标（通常是由政府或者大型商业机构控制的电脑或者网络系统）发动"拒绝服务"式攻击，使目标电脑的网络或系统资源耗尽，使服务暂时中断或停止，导致其正常用户无法访问
黑客行为（Hacking）	指的是未经授权非法访问他人电脑的行为
恶意软件（Malware）	俗称"流氓软件"，是指在未明确提示用户或未经用户许可的情况下，在用户计算机或其他终端上安装运行，侵犯用户合法权益的软件
域欺骗（Pharming）	它借由入侵 DNS（Domain Name Server）的方式，将使用者导引到伪造的网站上，因此又被称为 DNS 下毒（DNS Poisoning）
网络钓鱼（Phishing）	Phishing，与钓鱼的英语 fishing 发音相近，又名钓鱼法或钓鱼式攻击，是通过大量发送声称来自于银行或其他知名机构的欺骗性垃圾邮件，意图引诱收信人给出敏感信息（如用户名、口令、账号 ID、ATM PIN 码或信用卡详细信息）的一种攻击方式。这种攻击也可能导致电脑感染病毒，或者导致电脑被黑客远程控制
垃圾邮件（Spam）	是滥发电子消息最常见的一种，指的就是"不请自来，未经用户的许可强行塞入邮箱的电子邮件"

---

1 表 1 根据 Peter N.Grabosky 2016 年专著 *Cybercrime* 第 26~27 页，并参照维基百科、百度百科相关词条进行翻译。

术语	定义
鱼叉式网络钓鱼 （Spear Phishing）	指一种只针对特定目标进行攻击的网络钓鱼攻击。当进行攻击的黑客锁定目标后，会以电子邮件的方式，假冒该公司或组织的名义寄发难以辨真伪的档案，诱使用户进一步登录其账号密码，使攻击者可以借机安装特洛伊木马或其他间谍软件，窃取机密；或在员工时常浏览的网页中植入自动下载器病毒，并持续更新受感染系统内的变种病毒，使用户穷于应付。由于鱼叉式网络钓鱼锁定之对象并非一般个人，而是特定公司或者组织的成员，因此受窃的信息已非一般网络钓鱼所窃取的个人资料，而是其他高度敏感性的资料，如知识产权及商业机密
垃圾短信（Spim）	指未经用户同意向用户发送的用户不愿意收到的即时信息，或用户不能根据自己的意愿拒绝接收的即时信息，主要包含以下属性：（一）未经用户同意向用户发送的商业类、广告类等短信息；（二）其他违反行业自律性规范的短信息
垃圾网络电话 （Spit）	指大量的、通过互联网自动进行的、非邀而至的呼叫，垃圾网络电话被称为电话推销界的兴奋剂，屡禁不止
电脑病毒（Virus）	或称计算机病毒。是一种在人为或非人为的情况下产生的、在用户不知情或未批准下，能自我复制或运行的电脑程序；电脑病毒往往会影响受感染电脑的正常运作，或是被控制而不自知，也有电脑正常运作仅盗窃数据等用户非自发引导的行为
计算机蠕虫 （Worm）	与计算机病毒相似，计算机蠕虫是一种能够自我复制的计算机程序。与计算机病毒不同的是，计算机蠕虫不需要附在别的程序内，不需要使用者介入操作也能自我复制或执行。计算机蠕虫未必会直接破坏被感染的系统，却几乎都存在一定害处。计算机蠕虫可能会执行垃圾代码以发动分散式阻断服务攻击，使计算机的执行效率极大程度地降低，从而影响计算机的正常使用；也可能会损毁或修改目标计算机的档案；亦可能只是浪费带宽

二、中国网络犯罪的现状

面对日益严峻的网络犯罪形势，中国政府已经出台了多项打击网络犯罪行为的法律条文和司法解释。《中华人民共和国刑法》（以下简称《刑法》）中，第二百八十五条和第二百八十六条涉及了针对计算机系统和互联网的犯罪行为（符合欧盟分类的第一种），例如非法侵入和打破与国家事务、国防设施或科技有关的计算机系统以及针对个人系统的黑客行为。《刑法》第二百八十七条则主要界定了利用计算机和网络进行传统犯罪的行为，比如网络诈骗和盗窃（符合欧盟分类的第二种）。至于欧盟分类的第三种（网络内容相关）和第四种（网络版权相关），中国刑法仍然沿用了关于出版物内容和版权的传统条文，仅仅通过一些司法解释对特定网络犯罪相关案件进行了进一步界定。

经过多年讨论和审议，2016 年，全国人民代表大会常务委员会第二十四次会议终于表决通过了《中华人民共和国网络安全法》，该法规定了所有相关方对国家网络空间主权、保护关键信息基础设施和个人隐私保护的网络安全义务。但由于该法在 2017 年 6 月 1 日刚刚生效，其具体实施效果尚待观察。

我国目前并没有全国性的网络犯罪数据，但河南省交通厅发布的报告显示，2016 年河南省 7960 万网民中，60％曾经收到过大量垃圾邮件，58％遇到过账户被盗用。此外，北京市公安局的数据显示，2016 年接到网络欺诈报告共 20623 个，平均亏损人民币 9471 元[1]。值

1　Network Hunt Platform, *Online Fraud Trend Report for 2016*, Retrieved from http://www.shujuju.cn/lecture/detail/87, 2017.

得注意的是，超过一半（54.5%）受害者的案件与网络钓鱼网站有关[1]，2015~2016年，此类受害人的数目由58660人猛增至147211人[2]。

根据中国判决书网的司法大数据，从 2008 年到 2017 年 3 月，全国法院共处理了 446 个与《刑法》第二百八十五、二百八十六、二百八十七条有关的刑事案件[3]。通过对这些案件的分析，我们发现，随着中国相关立法不断完善、执法日益规范化以及防护措施日益严密，针对游戏公司、公共系统以及政府系统的网络攻击逐年下降，而针对网络购物、网络支付和网络社交系统等商业系统的入侵以及网络诈骗/网络非法集资等刑事案件则呈现逐年增加的态势。这些统计数据为学界"目前国内网络犯罪主要是出于经济动机"的论点提供了有力的论据[4]。与此同时，另一位学者对近三年主要媒体报道的网络犯罪案例进行了分析，发现另两类中国比较常见

1　Network Hunt Platform, *Online Fraud Trend Report for 2016*. Retrieved from http://www.shujuju.cn/lecture/detail/87, 2017.

2　CNNIC, 2017, http://www.cnnic.net.cn/hlwfzyj/hlwxzbg/hlwtjbg/201708/P020170807351923262153.pdf.

3　Tianji Cai, Li Du and Yanyu Xin, "*Characteristics of Cybercrime: Evidence from Chinese Judgement Documents*", Presented in the 5th International Conference on Cybercrime and Computer Forensics, Gold Coast, Australia, 2017.

4　Zhuge Jianwei, Gu Liang and Duan Haixin, *Investigating China's Online Underground Economy*, IGCC, Retrieved from https://zh.scribd.com/document/182841710/Investigating-China-s-Online-Underground-Economy-pdf, 2012.

的网络犯罪：一是通过网络传播淫秽信息，二是与网络相关的版权案件，这两类案件分别占所有检索到网络犯罪案例的 11.5% 和 8.2%[1]。

三、针对未成年人的网络侵害

中国的互联网并未建立年龄分级制度，因此青少年网民与成年网民暴露在相同的网络环境中。但是，因为青少年年龄阶段的特殊性，一些未必对成年网民造成伤害的信息很有可能对青少年的伤害是巨大的。同时，与西方发达国家不同，我们国家目前缺少专门针对青少年网络安全的相关法律法规，所以有大量不法分子钻法律空子，以青少年为目标，在网络上散布不良信息以及实施网络犯罪行为。

近年来，涉及未成年人的网络侵害愈演愈烈，由于缺乏全国性数据，在此，我们基于 2017 年初团中央与猎网平台和中青奇未合作公布的《2016 年互联网不良信息对青少年危害分析年度报

1　Zhong Hua, "*Situations of Cybercrime and the Corresponding Social Responses in Modern China: Learning from Western Experiences*", Presented in the 5th International Conference on Cybercrime and Computer Forensics, Gold Coast, Australia, 2017.

告》，并根据关键字进行典型案例检索，总结出以下四类中国青少年经常遇到的网络安全问题。

1. 淫秽色情信息

根据猎网平台 2016 年 1~11 月青少年用户的举报情况，淫秽色情信息是青少年最容易接触到的互联网不良信息，这种类型的举报占到了举报总量的 76.3%。另外还有 10.7% 的举报信息涉及衣着暴露或行为不雅，这些信息虽然在法律上尚不构成淫秽色情信息的性质，但仍会对青少年产生严重不良影响。各类淫秽色情信息通过多种多样的传播介质传递到青少年眼前：占比最高的为视频类（34.6%），其次是图片类（20.1%）、推广类信息类（10.3%）、文字类（10.1%）、应用类（5.2%）及其他（3.8%）。

随着网络直播平台的日益风靡，网络直播已经成为传播淫秽色情信息的重要形式，在此提醒父母应该对网络直播提高警惕，并且相关部门应当加强对直播内容的监管。同样与网络直播相关，2017 年全国已经发生多起未成年人打赏网络主播超过万元的案件，年龄最小的打赏者只有 5 岁。这些孩子的巨额打赏已经超出了一个无民事行为能力或限制行为能力人的民事行为范畴，应该属于无效民事行为，根据《民法》家长可以要求直播网站如数退还打赏费用。遗憾的是，网站方往往要求家长出示该打赏确实是由孩子自行点击的视频证据，致使多个家庭维权无门，遭受巨大财产损失。

同时，青少年常用的游戏和软件当中，也存在相当数量的淫秽信息，比如很多游戏中的人物穿着暴露，动作不雅，游戏过程中更是充斥各种淫秽色情情节。更有甚者，在一款名为《小花仙》的娃娃换装网页儿童游戏中，很多中青年男性故意注册成为玩家，利用女童玩家的懵懂无知，以游戏币点券等道具骗取女童裸照、裸聊，甚至线下约会女童进行性侵。2017年6月，《小花仙》官网进行停服维护，希望这是国家对此类游戏进行严加治理、保护儿童权益的一个开始。

此外，在青少年用户举报的淫秽色情信息中，约有5.4%的内容其实是正规网站发布的各类新闻资讯。为吸引眼球，这些合法网站会在新闻标题或正文中包含或者插入少儿不宜的不雅或淫秽内容，甚至还会特意把此类资讯放在首页推荐以赚取阅读量。因为青少年并不像成年人一样具备对此类信息的辨别力和免疫力，所以这些不良信息对青少年的危害是不言自明的。最遗憾的是，因为暂时没有具体的法律法规对网站的此类行为进行规范，此类信息在网络中仍是铺天盖地。

2．网络诈骗

猎网平台的数据统计显示，2016年1~11月，猎网平台共接到全国18岁以下青少年网络诈骗受害者举报1697人次，占猎网

平台接到网络诈骗举报件总量的 11.8%。人均损失 1845 元。图 1
描述了中国青少年遭遇网络诈骗的主要类型：最常见的网络诈骗
形式是虚假兼职，占比约为 27.1%，人均损失约 1780 元；其次是
虚拟商品（如 Q 币或充值卡等）交易诈骗，占比为 15.0%，但人
均损失较抵，仅为 541 元；青少年人均损失最高的网络诈骗形式
是金融理财诈骗，虽然占比仅为 1.8%，但人均损失高达 6157 元。
受害者们是通过何种渠道接触到这类诈骗信息的呢？据统计，在
青少年网络诈骗受害者的举报信息中，约有 51.7% 的受害者能够
准确描述自己最早接触网络诈骗信息的途径，其中，社交软件是
青少年接收到诈骗信息的最主要途径，占比约为 56.7%；其次是
游戏喊话（12.1%）、电商网站（8.3%）、诈骗短信（6.2%）及诈

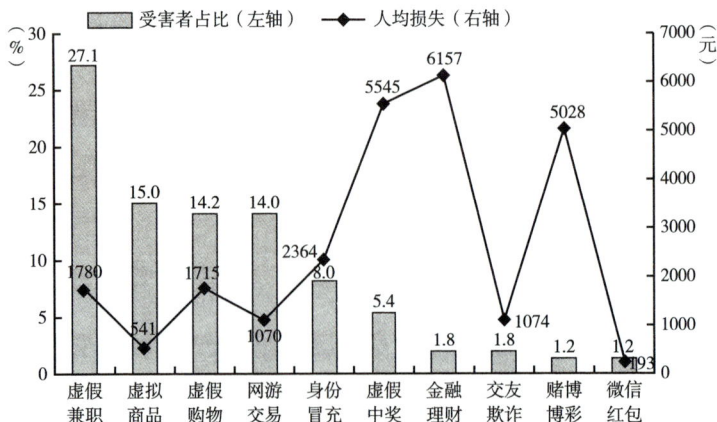

图 1　青少年遭遇网络诈骗的主要类型

资料来源：《互联网不良信息对青少年危害分析年度报告》，中青奇未，2017。

骗电话（3.8%）。因此，社交软件和游戏平台是青少年网络诈骗受害的重灾区。

3. 网上自杀论坛或游戏

人们可以在互联网虚拟空间隐藏自己的真实身份，从而自由暴露自己平时不为外界所知的阴暗。在世界各国的网络上都聚集着各种各样内心阴暗的人，他们聚在一起讨论或者实施各种违法或越轨行为，比如贩毒、贩卖武器、人口绑架或筹划恐怖活动。同时，也有一群对现实生活失去希望的人可能聚在一起互相鼓励自杀。2016 年 12 月，人民日报微信就推送了这样一则消息：一些青少年在 QQ 上建立自杀群，彼此相约赴死，比如"什么时候走？""要走吗？一起做个伴！"；群中聊天还常讨论"跳楼"、"吃安眠药"和"割腕"等哪种自杀方式痛苦较小且成功率更高。这些讨论犯罪或者自残的网站是我们社会的定时炸弹，在浏览这些负能量网站的过程中，青少年会在不知不觉中被灌输伤害他人或自己的念头，甚至从网站其他人那里习得犯罪和自残的方法，长此以往，后果不堪设想。

另外，臭名昭著的"蓝鲸游戏"进入中国也为我们敲响了警钟。所谓"蓝鲸游戏"是指通过社交媒体对青少年进行心理引导及控制，蛊惑玩家完成各种伤害自己的"任务"，比如在凌晨起床、看一部恐怖片、在腿上划出刀口、不与任何人交谈等，并在完成所有其他任务后最终结束自己的生命。一旦玩家想要中途退出，会被一些所谓的"组织"威胁放出裸照或者骚扰家人。虽然活动的发起人菲利普·布德金（Philip Budeikin）已于 2016 年 11 月被俄罗斯警方逮捕，但该游戏已在俄罗斯、英国、阿根廷、巴西等国酿成多起青少年自杀事件。在"蓝鲸"刚刚出现在国内网络时，腾讯马上关闭了相关 QQ 群，防止青少年因此受害；国内外各媒体也纷纷提醒家长和学校警惕"蓝鲸"可能引发的危害。但是悲剧仍然发生了：2017 年 5 月 15 日，深圳某小区一名学生通过"蓝鲸游戏"最后一关，从 34 楼跳下当场死亡，终结了自己的生命。

4．网络欺凌

什么是网络欺凌呢？网络欺凌主要是指通过社交媒体发送或传播令他人尴尬或名誉受损的图片/短信/电子邮件/贴子等，逐渐进步的技术可以帮助施害者更容易隐藏自己的身份，并对他人进行网络欺凌。同时，随着越来越多的年轻人花费更多的时间在线上活动，全球范围的网络欺凌发生率也一直在提高[1]。日常生活中，我们比较常见的十类网络欺凌行为包括：骚扰（在网上不断辱骂受害人）、起底（在网上透露受害人的个人资料）、诋毁（在网上散播

---

[1] S.E. Eaton, *Cyberbulling Among Children and Teens: A Pervasive Global Issue* (Calgary, Canada: University of Calgary, 2017).

有关受害人的谣言）、改图（在网上公开散播受害人的侮辱性的改图，或在图片旁加上诽谤文字）、骂战（在社交媒体论坛上发起针对受害人的骂战）、色情信息（对受害人发送色情或性暗示图像或视频）、拍摄人身攻击视频（对受害者进行人身攻击并拍摄过程，然后通过互联网传播）、假冒（以受害人名义或账户，发送令人尴尬的信息）、威胁（在网上不断威吓受害人，使其担心人身安全）、抵制（在网上不断以抵制、排斥等方式孤立受害人）[1]。国外一项研究指出，在使用社交媒体的青少年中，高达88%的人曾目睹网络欺凌事件[2]。网络欺凌不仅会给受害者带来严重的心理和生理伤害，甚至会导致受害者轻生自杀。为保护未成年人免受网络欺凌的伤害，多个国家已经针对网络欺凌正式立法。虽然中国尚未发展到立法阶段，但是网络欺凌问题也应该引起学校和家长的足够重视。

在中国，随着青少年在虚拟世界的活动日益增多，网络欺凌也已经不可避免地影响到他们的正常生活。2016年，底广州市发布了一份《青少年网络欺凌调查报告》，基于对穗港澳及其他华人地区的近4000名在校学生的问卷调查，研究者发现受访的广州学生中有71.2%曾遭遇网络欺凌，但同时61.7%也在网上实施过欺

1　沈逸云：《高中生遭网络欺凌"骂战"居首位网络欺凌案例》，《新快报》，http://www.mnw.cn/news/china/1502382.html，2016。

2　Lila Ghemri, Rattikorn Hewett and Colleen Livingston, "Cyberbulling and Game Models", *Conference: Proceeding of the 44th ACM Technical Symposium on Computer Science* Education（2013）：732-732.

凌行为；受害者被欺凌的方式主要有骂战、骚扰、起底、改图和诋毁。值得我们警惕的是，在广州地区，研究发现实施欺凌的人主要是陌生人（39.8%）、学校熟人（25.3%）和网友（21.7%），这意味着学校方面对学生之间的欺凌不论做出多么严密的防范，都很难使青少年免受来自陌生人和网友的欺凌。当研究者问及遭遇欺凌后的举措时，广州地区 37.8% 的受访者回答拦截欺凌者，28% 的受访者选择离开网络，24.4% 的受访者选择不做任何事，14.6% 的受访者会关掉计算机，只有极少数的受害者会选择求助师长和专业人士，说明在普及遭受网络欺凌后如何应对的知识方面，我们仍有很长的路要走。

四、日常行为理论及其对预防网络犯罪的启示

在网络犯罪刚刚引起学界注意的时候，学者认为网络空间与传统空间完全不同，是一个全新的非物质化的和无形的环境，因此需要全新的理论去分析网络犯罪[1]。但其他学者驳斥了这种观点，认为传统犯罪学理论同样可以用来理解网络犯罪，并能够在这些理论指导下有效减少和预防网络犯罪。同其他犯罪学理论相

1　W. Capeller, "Not Such a Neat Net: Some Comments on Virtual Criminality", *Social and Legal Studies* 10(2) (2001): 229‑242.

比，已经有多项实证研究发现，日常行为理论（routine activity theory）在解释网络犯罪方面更为有效[1]。

日常活动理论通过对空间（包括网络空间）中存在的人类活动进行检查，来保证安全和制止犯罪，该理论特别强调把空间的功能与人类的活动联系起来；通过调整该空间提供的功能，人们鼓励合法的日常活动并阻止越轨和犯罪行为，将有助于产生更高效并且更具社会动力的多层次监管[2]。Cohen 和 Felson 于 1979 年将日常活动定义为"提供基本人口和个人需求的经常性活动"，而在互联网时代，网上学习、社交、搜索和娱乐也已经成为很多人的"经常性活动"。通过设定规则和修建障碍，吸引更多合法公民参与并阻吓潜在犯罪分子，原本藏污纳垢的无序虚拟空间完全有可能转化为适合广大青少年的健康空间。

根据日常活动理论，犯罪发生的三个必要条件包括：有动机的潜在罪犯、合适的犯罪目标，以及缺乏有能力提供保护的监护人。这个犯罪三要素最初是为了解释传统的"街头"犯罪，但它

1　Leukfeldt, Eric Rutger and Majid Yar, "Applying Routine Activity Theory to Cybercrime: A Theoretical and Empirical Analysis", *Deviant Behavior* 37 (3) (2016): 263–280.

2　Bin Jiang, Cecilia Nga, Sze Mak, Linda Larsen and Zhong Hua, "Minimizing the Gender Difference in Perceived Safety: Comparing the Effects of Urban Back Alley Interventions", *Journal of Environmental Psychology* 51 (2017): 117–131.

们同样适用于网络犯罪[1]。"有动机的潜在罪犯"不论在现实世界还是虚拟世界都供不应求，有相当数量的潜在罪犯甚至同时存在于现实和虚拟世界，而我们永远无法知道到底有多少人正在琢磨着去谋财害命以及他们到底是谁。所以在这个方面，我们能做的十分有限，比如开展青少年文明上网教育，普及网络安全相关法律法规，让更少的青少年加入网络犯罪队伍。

对于第二个必要条件，同现实世界一样，虚拟世界也存在许多"合适的犯罪目标"：比如系统专有数据、个人隐私信息，以及海量的电子货币。在技术方面，除了具备专业技术的人员外，哪怕是成年人也难以战胜处心积虑的互联网专业罪犯，所以青少年网民在这方面能做的同样十分有限。所幸的是，学者们通过大量实证研究探索到了另一种行之有效的方法：即尽量降低自己在网络上的可见度（visibility），进而降低自己成为犯罪目标的可能性[2]。并且，荷兰最新的一项研究发现，网民的网络可见度在不同网络活动中对不同犯罪类型的作用又有差异。例如，不论网民参与何种活动，在线的时间越长，被流氓软件攻击的可能性越大；在线购物的频率越高会更有可能遇到商业诈骗；频繁使用与他人

1　Peter N. Grabosky, "Virtual Criminality: Old Wine in New Bottles?" *Social and Legal Studies* 10(2) (2001):243－249.

2　Fawn T. Ngo, R.H. Paternoster, "Cybercrime Victimization: An Examination of Individual and Situational Level Factors", *International Journal of Cyber Criminology* 5(1) (2011):773－793.

直接沟通的通信软件（如 Skype）以及在网络论坛上活跃都会增加受到黑客侵害以及性骚扰／言语威胁的可能性；经常进行有目的的浏览则更容易泄露自己的身份。这些研究提供给青少年的具体安全建议包括：①尽量减少自己的在线时间，不需要上网的时候尽可能关掉网络；②只在经过安全认证的网站上进行网络购物（比如青少年不要与私人交易网络游戏币），同时尽量减少购买不必要的商品；③在公开的网络论坛上不要过于活跃，在使用即时通信软件时（如 QQ 软件），不要轻易添加陌生人为好友；④不要过于规律地浏览某些特定网站，尽量消除能够泄露自己身份的浏览痕迹。家长、学校和网站也要多向青少年普及此类相关知识：比如网络游戏公司应该继续严控青少年游戏时间，甚至针对青少年的上学和作息时间等设定禁玩时段；家长也应对青少年上网时间制定家规，甚至可以学习国外的家长，同孩子们签订非常具体的网络安全协定。

网络犯罪能够发生，必然具有第三个要素：缺乏有能力提供保护的监护人。换言之，要预防网络犯罪，我们必须增加"有能力提供保护的监护人"。在网络飞速发展的今天，全世界都面临立法和执法相对滞后的问题，司法机构在减少和预防网络犯罪方面并不能起到显著作用。现有的实证研究还发现：更重要的监护力量还可能来自网络技术公司，如果它们的网站有更少漏洞或者它们对网络内容和使用者有严格的审查甚至分级制度，就会大幅度减少用户受害的可能性[1]。在中国，互联网公司也在努力提升安全标准并加强监管，比如上文中提到的腾讯主动关闭与蓝鲸游戏相关的 QQ 群，就是一例。除了相关机构外，其实每一位普通守法公民都可以成为"有能力的监护人"。所以每个网站都要设立便捷的举报方式，鼓励网络好公民主动举报网络不良信息、潜在犯罪分子和网络不文明行为。正如我们所见，微信和微博等青少年常用的社交平台都已经设置了这方面的功能，受到举报的用户如经查实违反网站规则或相关法律，就会受到网站的惩罚。青少年最直接的监护人是他们的家长，因此，我们呼吁各位家长主动学习网络安全知识，积极下载各种青少年网络行为监管软件（市面上已经有多种类似软件），并对家庭电脑和网络加强防护。

结　语

在 E 时代的今天，我们不能为了保护孩子免受网络侵害，就把他们与互联网隔绝，这是不可取也不现实的。提升全社会的网络安全意识和保护能力，才是可行之道。在保护未成年人网络安

1 　A. M. Bossler and T. J. Holt, "On-Line Activities, Guardianship, and Malware Infection: An Examination of Routine Activities Theory", *International Journal of Cyber Criminology* 3(1)(2009): 400 – 420.

全这一领域，国外现有的许多做法值得我们借鉴。比如澳大利亚和英国都设立了专门的网络安全科普网站，为青少年及家长们提供通俗易懂的安全知识；美国也为年轻人提供了专门的预防网络欺凌科普网站。2016 年，英国广播公司将布雷克·贝德纳（一位蓝鲸自杀游戏的受害者）事件拍成纪录片（*Murder Games: The Life and Death of Breck Bednar*），为青少年敲响网络安全的警钟；贝德纳的父母也成立了网络安全基金，以推动公众网络安全知识的普及（澎湃，2017）。

面对越来越高科技的世界，我们需要不停地追问：如何引导我们的孩子更好地利用先进的技术？如何能够让青少年更适应虚拟空间和真实世界的双重生活？如何才能降低互联网带来的安全风险？现代化带给我们便利的同时，也将我们置于前所未有的风险社会之中，在降低风险的道路上，我们仍然有太多要做。

· 作者简介 ·

钟　华　副教授，现任香港中文大学社会学系副主任。2005年博士毕业于宾夕法尼亚州立大学社会学系犯罪、法律与司法专业。主要研究领域包括社会发展与犯罪趋势，青少年犯罪与越轨行为及犯罪被害人学等。著作见于 *Criminology*, *Journal of Research in Crime and Delinquency*, *Journal of Youth and Adolescence*, *Journal of Criminal Justice* 等知名国际学术界刊物。钟华教授目前任香港警察学院荣誉研究员，美国犯罪学会国际部执委和亚洲犯罪学会执委等职务。曾经担任过第四届国际网络犯罪学年会组委，剑桥大学犯罪学研究所访问学者，以及澳大利亚国立大学网络犯罪研究所访问学者。目前正在进行的两个大型研究项目包括中国留守儿童的越轨行为／被害／校园欺凌／网络欺凌现状及原因分析，以及中国城市儿童（包括流动儿童）的校园欺凌及网络欺凌干预项目评估。

张韵然　香港中文大学社会学系博士候选人，2015年于中国人民公安大学取得法学学士学位。主要研究领域包括青少年犯罪与越轨行为、网络犯罪、性别与犯罪、物质滥用等。目前参与了两个大型研究项目，中国留守儿童的越轨行为／被害／校园欺凌／网络欺凌现状及原因分析，以及中国城市儿童（包括流动儿童）的校园欺凌及网络欺凌干预项目评估。刚刚完成的学术论文运用社会发展理论对中国网络犯罪的现状以及相关案件进行了分析。

第四篇

国际借鉴

导读：如何防止青少年网络游戏过度，如何保护青少年免受网络犯罪的侵害，欧美等国家和地区进行了相应的探索和实践，积累了一定的经验，也为我们提供了比较有益的借鉴。如美国游戏分级组织对游戏进行分级，引导父母购买游戏，并帮助父母更好地与孩子交流，正确使用网络游戏；再如澳大利亚专门出台《紧急求助——网络安全指南》，旨在帮助澳大利亚人能在网络空间里获得安全、尊重和活力。

第10讲　未成年人健康游戏与游戏分级研究

张钦坤　蔡雄山　柳雁军　曹建峰　王　丹
腾讯研究院法律研究中心·

要点采撷

◎ 家长应把好第一道关，为孩子选择合适的游戏产品；设置家长控制，有效管理孩子的游戏使用时间；家长参与游戏过程，了解孩子的游戏动机。

◎ 应教导孩子学会抵制网络暴力，帮助孩子学会在网络环境中保护个人隐私。

◎ 根据游戏的内容进行游戏分级，决定其适合的年龄群体，以保护未成年人免受侵害。

一、防游戏过度使用，国外家长如何做

（一）问题概述

互联网出现以来，防游戏过度使用便是一个永恒的话题，并不是电子游戏诞生后才有的事情。虚拟游戏世界中的精美画面、情节设计以及社交功能，可以让人获得在现实世界无法得到的各种体验，尤其对于未成年人有着莫大的吸引力。如果不进行相应的管理和控制，由于未成年人自制力相对缺乏，可能更容易陷入自由、功能丰富、情节精彩的游戏体验而无法自拔，不仅会影响学习，而且不利于其健康成长。对此，互联网公司应尽到必要的社会责任，同时，在孩子成长过程中起着重要指引作用的父母应该为孩子把好第一道关，担负起责任，对孩子玩游戏的时间和设备进行管理和控制，多与孩子进行沟通和交流，了解其过度使用游戏的原因并对症下药。

随着互联网的快速发展，我们已经迈入了网络化生存时代。可

---

* 研究团队成员有：张钦坤，腾讯研究院秘书长；蔡雄山，腾讯研究院法律研究中心副主任、首席研究员；柳雁军，腾讯研究院法律研究中心秘书长；曹建峰，腾讯研究院法律研究中心高级研究员；王丹，腾讯研究院法律研究中心助理研究员。

以说，新一代未成年人作为互联网时代的"原住民"，网络化生存就是他们日常生活的常态。他们从小就会使用手机和平板电脑，会在上面使用各种各样的软件，发现不一样的世界，甚至还是教爷爷奶奶上网的小老师。网络是他们生活中不可或缺的一部分，要让网络游戏远离他们，自然也不现实。家长所能做的，是教会他们生存技能和安全意识，只有这样他们才能健康成长。面对网络世界也是如此，父母应该为孩子正确应对网络世界提供指引，并采取相应措施保护其免受网络世界的伤害。[1]

（二）国外家长如何做？

对于如何防止青少年游戏过度使用，欧美等国家和地区都进行了相应的探索和实践，积累了一定的经验，也为我们提供了比较有益的经验借鉴。美国游戏分级组织"娱乐软件分级委员会（ESRB）"是一个独立的非营利性自律组织，主要负责对游戏软件、网络游戏、网站等进行审核，根据游戏的内容决定其适合的年龄群体，目的是使消费者在购买或者租借软件时，准确选择适合自己的产品。其在官网家长资源中心为父母提供了一份详细

1　http://vgu.www.rmzxb.com.cn/c/2017-07-05/1637370.shtml.

的指引，提供了许多有益的建议，旨在帮助父母更好地与孩子交流，指导其正确使用网络游戏。

1. 家长应学会为孩子选择合适的游戏产品

在青少年成长过程中，家长对孩子的引导至关重要，如何为孩子选择适当的游戏，家长应该学会相应的技能。这份指引提供了两种方式让家长更好地了解游戏产品并判断是否适合自己的小孩：①检查评级：检查盒子的封面并在 ESRB 官网或者在评级搜索软件中查询游戏评级说明，许多网上和手机店面，比如 Google Play 等，都会展示 ESRB 评级，可在这些店面内寻找相关年龄分级和内容描述，以此作为选择的依据，判断是否适合自己孩子使用或者是否为自己想要选择的游戏类型；②在购买或下载之前，查看关于特定游戏的其他评论信息，包括截图、视频和用户评论，以便对游戏内容有更全面的了解。

2. 设置家长控制，有效管理孩子的游戏使用时间

为游戏机、手持游戏设备、个人电脑、智能手机和平板电脑设置家长控制，这样可以帮助父母管理孩子的视频、游戏使用时间，即使他们不在孩子身边。现在所有的游戏机、掌上电脑、智能手机和电脑都可以通过年龄等级来控制游戏，某些设备设置甚至允许父母限制小孩上网、禁止游戏内购买、限制孩子玩的时间等，指引中

还提供了如何激活 7 款游戏设备家长控制的指南，对如何设置家长控制操作提供了步骤指引，可谓详细又实用。此种技术设置将为家长对未成年人游戏使用提供有效的管理方式。

3. 与孩子多沟通，参与孩子的游戏过程

家长可与孩子们建立基本规则，了解哪些游戏是可以的，是否有任何时间限制，以及他们可以花多少钱在应用程序或者游戏内容上，谁将为此付费；讨论是否可以玩在线多人游戏，如果可以的话，和谁一起玩。家长的任务不是禁止，而是疏导；不是惩罚，而是和孩子们讲清楚玩游戏的规则和条件，让孩子明白玩游戏对身心健康和行为的影响，以此来引导孩子。指引同时还建议家长与孩子一起玩游戏，这不仅会加深家长对孩子喜欢的游戏的理解，而且是一个很好的方式来度过一些有质量的家庭时光，家长放平心态和孩子一起参与游戏中的冒险，就好像和孩子一起去旅行一样。家长和孩子一起玩游戏，不是为了体现自己任何方面的优越性，而是为了以平等的身份理解孩子的游戏动机，进而通过孩子的游戏行为理解孩子，同时也能促进亲子关系的良性发展。永远记住，保持参与是最好的方式，与孩子们讨论他们想要安装的应用程序以及他们喜欢玩的游戏。

4. 教导孩子学会抵制网络中的不当行为

在虚拟世界中，匿名性和隐蔽性使人们感觉不受约束，在具有

社交功能的游戏中，你可能会遭遇到一些无礼的谩骂，这对于心智尚未完全成熟的青少年是非常有影响的，面对这样的情形，家长应当教导孩子如何抵制网络中的不当行为以及网络暴力。比如，当其他在线玩家行为不当时，要让孩子说出来，并且可以向游戏的出版商或在线服务商举报玩家的不当行为，同时确保提供尽可能多的信息和证据。家长可以通过观察小孩的行为注意到孩子是否可能遭受到网络欺凌，比如电脑使用的变化，焦虑或抑郁，不愿去上学或社交。若是出现类似警示信号时，应及时与孩子沟通并进行开导，促进问题的解决。

5. 帮助孩子学会在网络中保护自己

告诉你的孩子，在与他人互动时，匿名或隐形的能力并不是一种无礼、亵渎或残忍的行为。对于青少年来说，这一点尤为重要，不仅是出于道德原因，更是为了未来的就业和学术机会，因为雇主和大学越来越多地进行社交媒体背景调查。告知孩子社交媒体可能对个人产生的影响，学会在网络环境中保护个人的隐私，同时要注意正当行为，因为在未来这也将作为个人的背景资料，在就业或学术深造中成为评判个人的依据。[1]

1　http://www.esrb.org/about/parents_tips.aspx.

（三）启示

从上面的指南中我们可以看出其对父母如何预防孩子过度使用游戏提出了非常详细而实用的建议，我们也可以从中获取到一定的经验。

首先，应当向家长普及网络安全教育相关知识，使其意识到网络安全教育的重要性，对于现实中出现的未成年人动辄花父母上万元人民币进行游戏充值的案例，父母也应该反思孩子是如何能轻易拿到网上支付的账号和密码的？

其次，家长应对孩子上网的内容和时间进行控制和管理。从内容的管理上来看，虽然国内目前还未建立游戏分级制度，家长无法从分级标准来判断游戏是否适合未成年人，但是可以通过网络途径了解到相关游戏画面和用户评论，以此进行判断，对于采取游戏分级管理国家的游戏便可以通过查询分级标示来准确了解游戏年龄分级和内容描述特征。同时家长还可以与孩子进行沟通，向其说明过度使用游戏会产生的不良影响，并与孩子协调设立规则，规定每天花在游戏上的时间，在某些情况下，还可以游戏中的道具作为奖励鼓励孩子在学习和生活中的优秀表现。

再次，与孩子一起玩游戏是非常好的了解孩子的方式，在加深对孩子喜欢游戏的理解的同时还能创造有趣的家庭时光。家长和孩子一起玩，绝不应该在玩的过程中全程以教育者的身份喋喋不休，也不要急着去指导孩子，世界上的玩家，在玩的那一刻都是平等的，这也是游戏的魅力所在。孩子玩游戏，部分来说，为的正是这种现实中常常难以获得的平等感。在游戏的过程中，家长可以看到孩子在游戏中表现出的现实中可能见不到的部分，也能看到孩子内心中最大的渴望，会对自己和孩子的关系产生新的认识。

最后，发展孩子除游戏之外的其他生活议题，引领孩子看到更广阔的世界，培养孩子广泛的兴趣爱好。一个人的接触范围，就是他的世界。父母的生活环境，是孩子最初的世界；父母带孩子出趟远门，孩子心中便种下了远方，有一天他会知道，这个小小的地球之外，还有太阳系，还有广阔无垠的宇宙；父母给孩子一本书，孩子便能在有限的文字之中认识无数的朋友，他会知道荆轲并非女儿身，其实是易水河畔顶天立地的男儿，也会知道李白一生最好的朋友是诗和酒，根本做不了刀尖上舔血的刺客。在孩子的网络成长过程中，家长的陪伴和引导是不可缺失的，若引导孩子看到更广阔的世界，发现更多好玩的事情，孩子还会迷恋手游的快乐吗？通过多带孩子去体验有趣、健康的户外活动替代虚拟世界的游戏，不仅能满足孩子们寻求挑战和取得成就的心理，还能提升孩子们与他人、与社会的交往能力。[1]

1　http://news.youth.cn/gn/201707/t20170711_10265717.htm.

二、游戏如何分级？

我国网络游戏产业产生于 20 世纪末，在十几年的时间内网游行业呈现持续快速增长的态势，拥有广阔的市场前景。《2016 年中国游戏产业报告》显示，2016 年中国游戏产业规模实现 1655.7 亿元，同比增长 17.7%；自主研发的网络游戏达到 1182.5 亿元，同比增长 19.9%；移动游戏用户规模达 5.28 亿元，同比增长 15.9%；全年海外市场销售达到 72.35 亿元。游戏产业迅速发展的同时，也引发了一些问题，包括网游中如果出现暴力、色情等问题，可能会影响未成年人身心健康等。如何规范网游市场、营造良好的文化环境，成为政府及公众关注的重要问题。

网络游戏作为文化创意产业的新兴组成部分，对互联网产业的发展具有重大的作用，网游作为一种文化产品也应肩负文化传播的使命。欧美等国通过建立网络游戏分级制度，一方面规范和促进了网络游戏产业的发展，另一方面也加强了对未成年人的保护，一些经验值得借鉴。

（一）美国：美国娱乐软件分级委员会的分级

美国的游戏分级组织"娱乐软件分级委员会"（Entertainment Software Rating Board，简称 ESRB）成立于 1994 年，是一个独立的非营利性自律组织，主要是对游戏软件、网络游戏、网站等进行审核，根据游戏的内容决定其适合的年龄群体，目的是使消费者在购买或者租借软件时，准确选择适合自己的产品。经过 ESRB 审查的游戏产品在软件包装盒的正面有 ESRB 的等级标志，这一标志说明了该游戏所适合的年龄段。

1. ESRB 分级制度的内容

首先，ESRB 是根据游戏内容而区分的适合不同年龄的分级标志，ESRB 的最新分级标准共有 7 级，具体如下。

"EC"（EARLY CHILDHOOD）："EC"级别的娱乐软件主要针对 3 岁及 3 岁以上的学龄前儿童，其中不应包括任何让家长感到不适合的内容。

"E"（EVERYONE）："E"级的软件适合于 6 岁和 6 岁以上的任何品位的消费者，它适应的年龄段是最广的，软件中包含最低限度的卡通、幻想，或者有轻微暴力和（或）很少出现的轻微粗话，约有 54% 的游戏属于此类。

"E10+"（EVERYONE 10+）：这一级是在 2005 年新增加的，类似"E"级，也属于老少皆宜的游戏，但适合年龄提高到 10 岁和 10 岁以上，与"E"级相比，"E10+"的游戏含有更多的可接受的卡通、魔幻或者轻微暴力、轻微粗话以及小程度地包含（或者很少有）血腥和（或）最低限度的暗示性主题。

"T"（TEEN）：这一标志代表该软件适合于 13 岁和 13 岁以上的消费者，此类游戏可能包含暴力、暗示性主题、未加修饰的幽默、最小限度的血腥、模拟赌博和（或）很少出现的非常粗俗的语言，约有 30.5% 的游戏属于此类。

"M"（MATURE）：适合 17 岁和 17 岁以上的玩家，可以包含激烈暴力、血腥、色情和（或）粗话，约 11.9% 的游戏属于此类。

"AO"（ADULTS ONLY）：这类游戏仅适合于成年人，可以包含长时间的激烈暴力场面和（或）图片色情内容以及裸露镜头。

"RP"（RATING PENDING）：带有"RP"标志的产品表示已经向 ESRB 提交定级申请，正在等待最终结果。这个符号只在游戏发行之前的广告和（或）演示中出现。

其次，ESRB 在游戏分类的基础上设定了 32 项游戏内容描述，包括程度与表现手法不同的暴力、血腥、色情、裸露、粗话、赌博等行为，以及对于酒精、药品、烟品的描写或使用，让父母或玩家除了年龄分级标示外，还能针对特定内容进行筛选。

2．ESRB 分级制度的具体程序

（1）等级认定程序

ESRB 会根据具体游戏内容的不同，选定三位经培训的评估人员。确保评估人员不是互动娱乐行业的从业人员，以避免游戏开发商或者发行商的自家人员参与到评估过程之中，进而影响评估结果的公正性。三位评估员根据具体的评估标准完全审阅完这款游戏的全部资料以后，会分别给出一个推荐级别。这些意见最终会交由 ESRB 审核，并由 ESRB 通知游戏开发商或发行商，以便这款游戏在美国市场正式发售时能够在封面和封底印上级别标识，方便消费者的选择和辨识。如果游戏开发商对评级结果存在异议，可以向 ESRB 提出申诉。ESRB 会负责申诉的受理，并在必要的情况下对该软件进行重新评估。

ESRB 同时会审核，包括游戏的官方网站、预告片、广告等内容。为了保证零售体系严格执行游戏评级制度的要求，ESRB 还与零售商们建立起紧密的合作关系。在游戏正式上市之后，发行商还需提供一份正式的版本。针对这份正式版，ESRB 将会组织内部的专家组进行再次审核，以确保先前评估的正确性，以及游戏反映的内容与级别的完全一致性。而对于评级信息与正式软件内容不符的部分，将会受到重新的评级或通知开发商进行相关的修正，通过后才允许这款游戏进入零售市场。

（2）需提交的材料

一份完整的 ESRB 在线问卷，详细描述了游戏的相关内容，这基本上可以翻译成任何可能影响游戏评级的内容。这不仅包括内容本身（暴力、性内容、语言、控制物质、赌博等），还包括其他相关因素，如上下文、奖励系统和玩家控制的程度。

一个包含所有相关内容的 DVD，包括典型的游戏、任务和场景，以及所有相关类别中最极端的内容实例。不能播放（比如被锁定的内容）但会存在最终游戏光盘中的游戏代码中的相关内容，也必须公开。

（二）欧洲：欧盟泛欧洲游戏信息组织的分级

泛欧洲游戏信息组织（Pan-European Game Information, PEGI）是由欧洲互动软件联合会（Interactive Software Federation of Europe, ISFE）成立的具有社会意义的非营利性组织，独立负责游戏分级体系的日常管理和发展。由 PEGI 制定的游戏分级制度于 2003 年代替原先在欧洲一些国家实行的游戏分级制度，开始施行。PEGI 系统现在被 30 多个国家使用，有严格的制度规定，并被所有参与的发行商认可。

1. PEGI 分级制度的内容

同美国的 ESRB 类似，PEGI 登记标识也分为年龄类别和内容类型两部分。PEGI 会对游戏产品做综合测定，并给出一个游戏适合的年龄段标准，年龄段一共有五个级别：

3+：此级别不包含任何家长认为不适宜的内容；

7+：此级别也许包含较少的暴力、血腥、性主题、恐怖或脏话；

12+：此类别也许包含更多的暴力、血腥、性主题、恐怖或脏话；

16+：此类别也许包含强烈的暴力、血腥、性主题、恐怖或脏话和较真实的血液飞溅的场面；

18+：此类别也许包含长时间强烈暴力、血腥、性主题（生动）、恐怖和脏话以及较真实的血液飞溅的场面。

内容描述共有 8 类，分别为粗话、歧视、药品、恐怖、赌博、性和暴力以及在线游戏。这些内容类别会标示在游戏包装的背面，通过这些内容标识，家长们可以更好地为孩子选择适合其年龄的游戏。

2. PEGI 分级制度的具体程序

（1）等级认定程序

PEGI 具体职责由两个独立机构代表其执行：一个是荷兰影声媒介分级学会（Netherlands Institute for the Classification of Audiovisual Media, NICAM），负责审核 3 级和 7 级别的游戏，同时负责分级人员的培训、PEGI 分级游戏的归档和 PEGI 许可的颁发；另一个是英国的视频标准理事会（Video Standards Council, VSC），负责其他三类高年龄段游戏的审查。但由于各个国家的情况不同，PEGI 分级在大多数国家中只具有参考性，不具备法律效力。而且，部分欧洲国家有自己的分级标准，如英国 BBFC（英国电影分类系统，具备法律效力）、德国 USK（德国娱乐软件检验局，具备法律效力）、葡萄牙 IGAC 以及芬兰 VET/SFB 等。因此，在这些地区发行的游戏有时会同时标注 PEGI 和当地分级标志。

（2）需提交的材料

PEGI 通过对内容声明和游戏审核来决定游戏的适当级别。首先游戏出版商将完成一份网上声明表，这个表将提交给系统行政部门。行政部门将以声明表为基础对游戏内容进行审核。PEGI 的内容声明是重要的优势，因为只有游戏出版商才能完整概述游戏内容，概述使得管理员能够聚焦于最可能影响评级的游戏部分，这样是更有效率和更值得信赖的。

此外，日韩等也建立了类似的分级制度。

（三）中国游戏的分级制度前景

网络游戏产业的发展在互联网产业的发展中具有重要意义，其作为一种创意文化产品如果能够得到适当的规范，对于文化产业发展和青少年成长都是非常有益的。

中国尚无正式的游戏分级制度。我国对网络游戏内容的审查主要是由国务院文化行政部门负责，《网络游戏管理暂行办法》第九条对游戏内容进行了规定。网络游戏不得含有以下内容：（一）

违反宪法确定的基本原则的;(二)危害国家统一、主权和领土完整的;(三)泄露国家秘密、危害国家安全或者损害国家荣誉和利益的;(四)煽动民族仇恨、民族歧视,破坏民族团结,或者侵害民族风俗、习惯的;(五)宣扬邪教、迷信的;(六)散布谣言,扰乱社会秩序、破坏社会稳定的;(七)宣扬淫秽、色情、赌博、暴力,或者教唆犯罪的;(八)侮辱、诽谤他人,侵害他人合法权益的;(九)违背社会公德的;(十)有法律、行政法规和国家规定禁止的其他内容的。

但是这样的标准过于抽象,而且没有针对具体的用户群进行规定。未成年人群体是非常广泛的,通过分级标准对适合不同年龄段的游戏进行分类,不仅有利于促进游戏内容的多样化,也为家长提供了选择更适合游戏的依据。

因此,可借鉴国外游戏分级制度,制定适合中国国情的分级制度。建立由政府指导下行业、企业、社会、家长等其中专业人士组成的联盟,共同制定网络游戏分级标准,并委托其进行游戏分级。将游戏等级与适龄性相结合,并用要素对游戏内容加以描述,分级后的网络游戏统一加印分级标识。在政府统一指导下,行业组织、社会组织、企业等联合起来有效推动分级制度的建立和完善,规范和促进网络游戏产业的发展,同时加强网络青少年保护。

· 机构简介 ·

腾讯研究院法律研究中心　腾讯研究院是腾讯公司设立的社会科学研究机构，旨在依托公司多元的产品、丰富的案例和海量的数据，围绕产业发展的焦点问题，通过开放合作的研究平台，汇集各界智慧，共同推动互联网产业健康、有序的发展。研究院旗下的法律研究中心是专门的互联网法律研究平台，致力于搭建起产、学、研、政之间沟通交流、成果转化并推动制度设计良性运转的开放平台。

第11讲 未成年人网络保护的国际经验和启示

张钦坤　蔡雄山　柳雁军　曹建峰
腾讯研究院法律研究中心 *

何　波
中国信息通信研究院互联网法律研究中心 **

要点采撷

◎ 美国：推行游戏分级制度，立法与行业自律相结合。

◎ 欧盟：出台网络安全计划，建立市民热线体系，设立在线教育平台。

◎ 英国：建立网上过滤系统，发布未成年人上网指引。

◎ 日本：规定企业在未成年网络保护中的具体责任。

◎ 韩国：专设单行法律《青少年保护法》。

◎ 德国：制定《多媒体法》《青少年保护法》《阻碍网页登录法》等多项法律。

在网络时代，人们的生产生活日益依赖于互联网，未成年人网络保护因此成为一个全球性重大议题。不加限制的有害内容对未成年人的身心健康和人生发展带来不利影响，因此各国都在探索建立必要且合理的未成年人网络保护制度，在加强保护的同时，又不影响互联网产业的发展和未成年人其他方面的权利和正常交往。归结起来，未成年人网络保护，需要国家、监管机构、企业、父母等社会各界的共同参与，负担起各自的责任，为未成年人搭建健康的上网环境，促进网络对未成年人的人生发展产生积极影响。

一、未成年人网络保护的国际经验

（一）立法保护未成年人上网安全

在未成年人网络保护方面，美国、欧盟等很早就开始探索建立儿童网络保护法律体系。在美国，国会 1998 年就通过了《儿童在线保护法》（COPA），旨在限制儿童访问互联网上对未成年

---

*　研究团队成员有：张钦坤，腾讯研究院秘书长；蔡雄山，腾讯研究院法律研究中心副主任、首席研究员；柳雁军，腾讯研究院法律研究中心秘书长；曹建峰，腾讯研究院法律研究中心高级研究员。

**　何波，中国信息通信研究院互联网法律研究中心研究员、罗马国际统一私法协会研究访问学者。

人有害的内容，但该法从未生效，并在经过长达十年的诉讼之后，于 2009 年被禁。但是借助 2000 年之后制定的《儿童在线隐私保护法》（COPPA）以及《儿童互联网保护法》（CIPA）等法律，美国建立起了相对完善的儿童网络保护法律体系。

欧盟采取了立法和行业自律的混合保护模式，先后出台了《保护未成年人和人权尊严建议（1998）》《儿童色情框架决定（2004）》等法令。在欧盟关于未成年人网络保护的总基调之下，各个成员国出台了国内法，加强儿童网络保护法律体系的建设。

此外，其他国家如俄罗斯、日本等，也制定了针对未成年人网络保护的专门法律。比如，俄罗斯于 2010 年通过并于 2012 年修订了《保护青少年免受对其健康和发展有害的信息干扰法》。日本于 2009 年颁布了《青少年网络环境整治法》，日本的其他法律如《青少年网络规范法》和《交友类网站限制法》等也对未成年人网络保护做出了规定。此外，韩国 1997 年制定了《青少年保护法》，并在之后进行了多次修订，不仅保障了未成年人获取健康信息的权利，而且限制了青少年的深夜网络游戏行为。

（二）多管齐下，加强网络内容管理

欧美各国采取疏堵结合的措施，多管齐下加强互联网内容的管理，特别是对网络淫秽色情等有害信息加以规制。一方面采取立法形式将有害信息排除出网络世界，另一方面通过内容过滤和分级等措施阻止有害内容和不良信息对未成年人进行传播。

一是严厉打击"有害信息"。比如，美国 1996 年制定的《通信规范法》（CDA）旨在保护未成年人免受淫秽色情内容的侵害，将向不满十八周岁的人展示淫秽色情内容的行为纳入犯罪，除非网站采取适当措施，只允许成年人访问；但这一条款最终因被美国最高法院宣判违反言论自由而被废除。再比如，日本 2008 年通过的《青少年网络环境整治法》，明确将"诱使犯罪或自杀"、"显著刺激性欲"和"显著包含残忍内容"这 3 类信息划归"有害信息"范畴，并要求通信商和网络服务商就这些信息设置未成年人浏览限制。俄罗斯的《保护青少年免受对其健康和发展有害的信息干扰法》明确规定了对儿童健康和（或）发展有害的信息种类。此外，韩国《青少年保护法》规定，门户网站和新闻类网站不得含有色情等青少年不宜接触的内容；不宜青少年浏览的网站，应注明"含有不良信息"，并有义务严格采取核实年龄和身份的措施。

二是内容过滤政策。美国 2000 年通过《儿童互联网络保护法》（CIPA）确认了过滤方法的正当性，要求从幼儿园到 12 年级的学校以及图书馆利用互联网过滤器以及其他措施保护儿童免于访问有害的网络内容，联邦政府为此提供资金支持。除了美国之外，其他国家也纷纷采取了内容过滤政策。欧盟 1999 年通过的多年行动计划明确提出了采取技术措施来规范色情淫秽，鼓励从业者提供过滤工具和分级制度。2004 年，在英国通信管制机构 Ofcom 发布《手机新型内容自律规范》后，英国移动运营商开始对互联网内容实施过滤，用户观看不适合 18 岁以下未成年人观看内容时，只有通过年龄验证才能获得访问权限。英国 2017 年 4 月 27 日制定的《数字经济法案（2017）》继续推行内容限制和年龄验证机制，以阻止未成年人访问淫秽色情内容。其他国家，如澳大利亚、芬兰、日本、韩国等都推出了类似的措施，包括内容过滤软件、家长控制工具等。

三是内容分级管理。内容分级制度不仅是网络过滤的依据，也是各国对网络内容进行规制的基础。通过互联网内容分级制度，对含有色情淫秽等内容的信息进行分级分类来达到对其的有效规制。这一思路与现今应用成熟的电影分级制度相似，都是将决定权交由接受者选择。

欧美国家的内容分级制度一个明显的特点就是它是以行业自律或者行业自治的方式运行的。将内容分级作为网络经营者和使用者自主选择的规制手段，以在保障成年人言论自由和未成年人利益两者间达到平衡。因此，这些国家往往通过行业自律来进行内容分级，美国就是通过行业组织来推进内容分级制度的典型国家，如互联网内容评级协会（ICRA）。

（三）分级管理，加强网络游戏监管

对网络游戏进行分级管理是美国、欧盟、日本等发达国家和地区保护未成年人网络安全的重要措施。网络游戏产业作为文化创意产业的新兴组成部分，对互联网产业的发展具有重要的作用，欧美等国通过建立网络游戏分级制度，一方面规范和促进了网络游戏产业的发展，另一方面也加强了对未成年人的保护。目前世界上具有代表性的游戏分级体系有美国的娱乐软件分级委员会（ESRB）、欧洲的泛欧洲游戏信息组织（PEGI）和日本的计算机娱乐分级组织（CERO）。

游戏分级主要是一种行业自律行为，基于电影分级的良好经验，通过将游戏等级与适龄性相结合，并用要素对游戏内容加以描述，分级后的网络游戏统一加印分级标识。在政府统一指导下，行业组织、社会组织、企业等联合起来有效推动分级制度的建立和完善，规范和促进网络游戏产业的发展，同时加强网络青少年保护。

（四）兼顾利益平衡，明确各方职责

第一，保护未成年人上网安全是政府的重要职责，美国、英国等国设立了未成年人网络保护的专门机构，加强政府对未成年人保护的指导，如英国的未成年人剥削和在线保护中心（CEOP）以及未成年人互联网安全理事会（UKCCIS）。

第二，"少干预、重自律"是当前国际互联网管理的一个共同思路。各国越来越承认国家管理的"有限性"，着重发挥国家的服务和协调职能。美国的网络行业组织日益发挥着重要作用，如美国电脑伦理协会制定了"十诫"、美国互联网保健基金会的网站规定了八条准则、各大论坛和聊天室有各自的服务规则与管理条例等。欧盟建议社交网站执行旨在保护未成年人的《欧盟加强社交网络安全原则》（无法律约束力），获得英国 Bebo 网、法国 Dailymotion、比利时 Netlog、美国 Facebook 及 MySpace 等 17 家主要网站的支持。

第三，重视发挥社会监督的力量，促进互联网市场的健康发展，是各国综合推进产业发展、规范市场秩序的一个较为明显的趋势。目前各国基本都有相关的投诉举报机制，并通过多渠道方便各领域用户使用，大大提高了工作效率。

二、对中国构建未成年人网络保护制度的启示

第一，转变管理思路，推动政府统筹指导下多方治理体系。未成年人网络保护是一项系统工程，过多的政府干预会压制网络开放、平等、创新的生命力；但过多的强调自律，又可能造成网络监管的放任和无序。未成年人网络保护机制应当是国家主体、行业主体、市场主体以及社会主体协同共治的综合机制，各个主体在依法治理的框架内行使自己的治理权限，平等互动、协同作用。

第二，通过资源分配、行业准入等方式完善上网场所管理。

对未成年人上网仅靠禁止是不够的，在进一步加大对上网场所监管力度的同时，应该加强网络资源的分配，特别是加强中西部农村地区等网络资源的建设，充分利用校园网络资源为未成年人提供良好的上网环境。同时，在全国范围内，政府可以出资建设针对未成年人的公益性网吧，为未成年人营造一个安全可靠的上网环境。

第三，疏堵兼治，完善互联网内容的管理。采取内容过滤、警告、提示以及年龄验证等多种方式确保未成年人不会接触到有害内容，同时提供家长或者父母管理工具，发挥父母在未成年人保护上的重要作用。

第四，建立适合我国国情的行业自律性质的游戏分级制度。建立信息分级制度，明确哪些是未成年人不宜或者有害的内容。此外，探索建立行业自律性质的游戏分级制度。可借鉴国外游戏分级制度，如美国的ESRB，建立政府指导下由行业、企业、社会、家长等其中专业人士组成的联盟，共同制定网络游戏分级标准，并委托其进行游戏分级。将游戏等级与适龄性相结合，并用要素对游戏内容加以描述，分级后的网络游戏统一加印分级标识。

第五，明确各方责任，培育市场主体自律。国家干预的力量是有限的，在文化领域应加强行业自律、企业自律以及公民自律，以自律的形式加强未成年人网络保护，共同为未成年人营造健康的上网环境，并培养未成年人健康的网络使用习惯。

美国：守护未成年人网络世界的经验

美国是网络游戏的发源地，拥有发展时间最长、规模位于世界前列的网络游戏产业。经过多年的发展，已经拥有了一整套网络游戏管理的成熟制度。相关统计资料显示，2014 年美国移动游戏市场规模为 49.4 亿美元，约 303.3 亿元人民币，2015 年达到 71.6 亿美元，约 439.8 亿元人民币，继中国和日本之后，居全球第三位。[1] 美国政府和行业组织等通过一系列制度措施对成年人上网活动进行管理，为其营造了良好的网络环境。

一、不断改进立法，形成较为完善的未成年人网络保护法律体系

在美国，政府通过颁布法案的形式对儿童网络活动加以保护，先后出台了多部法律，形成了比较完善的儿童网络保护体系。既制定了《儿童在线保护法案》、《儿童在线隐私保护法案》和《儿童互联网络保护法》等专门的儿童网络保护立法，也在《通信行为端正法案》《网络免税法》等网络相关立法中规定了对儿童的网

1　美国娱乐软件协会（ESA）和市场研究公司（NPD）发布了一份联合报告，对 2014 年美国游戏市场收入进行了统计。

络保护。通过立法固定对儿童的网络保护措施，其中包括采取技术和政策保护未成年人免受色情作品的侵害；行业自律政策与立法规制相结合保护儿童隐私权；对娱乐软件实行分级管理；设立专门机构，明确政府和家庭责任。

在内容管理方面，将法律政策和技术相结合保护未成年人免受色情作品的侵害。1996年，美国通过了《通信行为端正法案》，作为《电讯传播法案》的一部分，有两个条款保护未成年人免受色情作品危害：一、禁止有伤风化的传播，二、禁止明显令人反感的展示。该法律规定，禁止在未满18周岁的未成年人的网络交互服务和电子装置上，制作、教唆、传播或容许重播任何具有猥亵、低俗内容的言论、询问、建议、计划、影响等，否则被视为犯罪，违反者将被处以罚金或两年以下监禁。但最高法院认为该法管制的行为过于模糊，适用范围过宽，压制了大量成人有权接受并向他人传播言论的自由，因而判定该法为违宪。

二、政府各部门多举措共同行动，为未成年人营造良好的网络环境

在国家的机构设置方面，美国政府设立了专门机构，明确各方责任，以保护未成年人网上安全。如司法部建立了打击儿童网络犯罪特种部队，为各州和地方的打击行动提供技术、设备和人

力支持，帮助培训公诉和调查人员，开展搜查逮捕行动，协助案件侦缉。联邦调查局成立专门机构，负责辨认、调查网上发布的儿童色情图像，搜寻相关不法分子，对其进行法律制裁。美国邮政、海关等部门也经常参与和协助执法部门的有关行动，且成效显著。

另外，美国政府通过税收优惠政策促使商业色情网站采取限制未成年人浏览的措施。美国在 1998 年底通过的《网络免税法》规定，政府在两年内不对网络交易服务科征新税或歧视性捐税，但如果商业性色情网站提供 17 岁以下未成年人浏览裸体、实际或虚拟的性行为，缺乏严肃文学、艺术、政治、科学价值等成人导向的图像和文字，则不得享受网络免税的优惠。

同时，美国也对学校和图书馆的网络进行管理以保护儿童免受色情作品的危害。2000 年美国国会通过的《儿童互联网保护法案》（*Children's Internet Protect Act*）规定：要求全国的公共图书馆联网计算机安装色情过滤系统，否则图书馆将无法获得政府提供的技术补助资金。国家资助的图书馆和学校必须有网络安全政策，提供具体的措施，保护儿童在网络上的安全，阻止儿童在网络上的不正当行为等，并帮助学生了解这些安全政策。此外，美国的中小学如今都对学校的电脑实行联网管理。这样可以集中对那些影响儿童身心发育的网站进行屏蔽。如华盛顿市所有公立中学的电脑都实现了联网，网络管理员就是华盛顿市教育委员会，该委员会随时可以监控所在辖区儿童在学校的网络上是否接触到不良内容。

三、推行游戏分级制度，帮助家长更好地防控未成年人接触的内容

在网络沉迷和游戏方面，对娱乐软件实行分级制度。美国对游戏等娱乐软件实行分级管理，确保未成年人正常、安全地使用网络游戏。该分级制度由美国的娱乐软件定级委员会（简称ESRB）制定，ESRB旨在为所有游戏软件加上分级标识，以帮助家长更好地控制或防止未成年人接触不健康内容。分为两个部分：一个部分是位于游戏产品包装背面的内容描述，用特定的词组描述游戏画面所涉及的内容，如暴力、血腥以及游戏中人物对话是否粗俗等；另一个部分是位于游戏包装正面的登记标志，共分7个级别，按基本年龄划分，以游戏适合的年龄段英文字母来命名，特定等级的游戏产品只能卖给特定等级年龄的消费者，用以保护青少年上网的权益保障。ESRB还包括详细的内容描述，围绕着酒精、血腥、幽默、暴力、侮辱、性、药品、赌博和烟草9个主题进行分类，共有32种，以方便家长进行选择，让儿童远离不适合其年龄的游戏。ESRB是一个民间组织，他们所做的一切都是内部规定，并不具备法律相关的效力，游戏分级制度仍是行业自

律性措施。一款游戏在理论上完全可以选择不接受 ESRB 审查依然正常在美国发售，只是代价是几乎大部分主要零售商（也包括购物网站）都会拒绝上架销售其游戏，避免承担可能引起的麻烦，这就是长期以来的行业自律所形成的共识。

与此同时，游戏分级制度在不同州和地方具体实施力度不同，但整体而言，游戏分级制度的实施是比较严格的。如为了落实游戏分级制度，旧金山实行了新的议案，"要求游戏业者、店家等要强制执行游戏分级制度，如果违反将触犯加州刑法 313 条的'对未成年儿童提供有害内容'的法令，最高将处一年以上的徒刑并罚款 2000 美元"，他们希望能够用重罚让大家落实游戏分级制度。另外，"为了让未成年儿童不能买到 18 禁游戏，他们还立法强制要求游戏店家必须把 18 禁游戏摆设在高度 1.5 公尺以上，并且不是未成年儿童能够接触到的位置，希望能让未成年儿童无法接触、购买到这类暴力色情游戏。"

四、立法规制与行业自律政策相结合，保护未成年人隐私权

在隐私保护方面，美国将立法规制与行业自律政策相结合，保护未成年人的隐私权。1998 年，美国通过了《儿童在线隐私保护法案》（*Children's Online Privacy Protection Act*），要求有确

定信息表明是在与 13 岁以下儿童打交道，或旨在收集儿童信息的商业在线内容提供者，在收集、存档、使用或转卖与某一儿童相关的任何个人信息之前，要取得该儿童父母的可证实同意。这是美国进入网络时代出台的有关隐私保护的联邦法律，其目的是使商业网站难以在家长不知情和不同意的情况下，直接从儿童处收集私人信息。该法由美国联邦贸易委员会（FTC）负责制定，联邦贸易委员会建议网站要求儿童网民提供其父母的信用卡号来证明他们上网是征得了其父母的同意，除了信用卡以外，还建议网站开通免费电话和电子邮件系统供父母对孩子的上网进行确认。

《儿童在线隐私保护法案》确立了有限收集原则、收集信息时的公示原则和父母亲的"可资证实的同意原则"。有限收集原则禁止在儿童参与以披露个人资料为前提条件的、提供奖金的活动时，收集超出参与活动合理需要的个人数据。公示原则要求任何从儿童那里收集信息的网站运营商或者针对儿童的在线服务商，在网站上张贴公告，告知运营商从儿童那里收集什么信息、如何使用这些信息、是否披露及如何披露这些信息。父母"可资证实的同意原则"要求网站在向 13 岁以下儿童询问个人信息时，必须先取得其家长同意，但是，仅仅是为了取得父母同意而收集父母或儿童的姓名或在线联系方式信息、专为回复儿童的特定要求而从儿童处收集在线联系方式信息等，则不需要得到儿童的父母的同意。若网站违反这些法律规定，联邦贸易委员会将对其罚款。

但是这部被称为"传播内容净化法第二"的《儿童在线隐私保护法案》由于违反宪法第一修正案所保护的言论自由，被美国联邦最高法院于 2007 年做出裁决，认定该法案违宪。为了最大化地实现预期目的，联邦贸易委员会提出了将行业自律政策与立法规范相结合的保护儿童网络隐私权的模式，即业界可依其需要及属性制定保护儿童隐私的自律规范，该规范经联邦贸易委员会批准后即成为安全港。有关的网络服务商只要遵守该规范就被认为遵守了有关要求，可以免责。安全港模式是美国儿童网上隐私保护所创设的制度，该制度目前仅适用于儿童网上隐私的保护，不适用于一般用户的网上隐私保护，它是一种将行业自律与立法规制相结合的新模式。安全港提议规定了父母同意和告知的义务，即网站要发布有关儿童的资料时，必须事先告知儿童的父母，并得到他们的同意，这样使网上儿童个人隐私保护更为严密、系统。

五、政府敦促家长关心孩子上网安全并给予指导

在积极指导方面，美国联邦调查局、教育部等有关部门发布指导手册，内容包括家长如何追寻孩子受到网上不法分子诱惑的蛛丝马迹，如何向有关执法部门报告等细则。政府还提供相关网址及开设网上专页和长话专线，发布有关网上儿童色情活动的最

新信息，让家长提高警觉。为了保障未成年人健康上网，通过安全的途径在网上学习和娱乐，美国联邦政府曾经专门开办了一个网站，域名为 KIDS.us。用美国前总统布什的话说，这个网站"功能有如图书馆的儿童部，是家长可以放心让孩子学习、徜徉和探索的地方"。其所有网页内容均受到有关部门的核查，不含任何色情内容，不开设聊天室和及时电邮服务，不链接任何儿童不宜访问的网页等。

欧盟：净化未成年人网络环境的实践

欧盟采取了立法规制加行业自律的保护模式，先后出台了《保护未成年人和人权尊严建议》（1998）、《儿童色情框架决定》（2004）等法令，构建欧盟未成年人网络保护的管理框架。在制度层面，欧盟通过分阶段性持续开展的网络安全计划、市民热线体系、游戏分级制度等对未成年人上网内容进行管理，促进产业的健康发展。

一、欧盟层面出台网络安全计划，提高未成年人对网络的认知

在顶层设计层面，欧盟委员会通过互联网行动计划，对旨在使分级和过滤系统更为有效的工作进行投资。欧盟从 1999 年开始实施第一个 5 年网络安全计划，耗资 3800 万欧元；2005 年，欧盟开始实施第二个网络安全计划，出资 4500 万欧元；2009 年，欧盟实施第三个网络安全计划，出资 5500 万欧元，在以往网络安全计划的基础上增加了新的内容，包括提高儿童、家长和教师对网络的认识，支持网站为他们提供安全上网的咨询服务；各成员国设立网络举报中心，以便公众举报网上非法和有害的内容和行为，

特别是对儿童性虐待和欺凌的内容和行为。新网络安全计划还鼓励未成年人采取自我管理措施，参与创造一个更安全网络环境的活动，同时打算在欧盟范围内组织研究人员，建立一个研究网络技术和其他新技术风险的知识基地，确保未成年人安全地使用这些技术。

二、构建欧盟层面的市民热线体系，打击网络非法内容

在内容管理方面，建立市民热线，打击非法内容。欧盟在打击未成年人网络遇到非法内容方面的主要措施是建立市民热线。公众通过热线汇报非法内容，然后由热线网络将相关信息报告给各主管部门。市民热线还通过构建专家中心，就何为非法内容等问题向网络服务提供者（ISP）提供指导。现有的热线网络得到欧盟的大力支持，并取得了显著成效。针对如何评估热线网络的成效问题，欧盟要求逐步建立健全指标体系，收集有关数据，如成员国节点数、空间覆盖率、接受的报告数、热点工作人员数据、向 ISP 和主管部门提交的报告数量等。

同时，欧盟要求各国加快建立热点并融入现有的热线网络中，实现资源数据的共享。各国都应把热线的建设融入国家战略计划中，对其提供资金支持，并区分热线与公共部门的职能。此外，

为确保热线发挥最大效能，欧盟将在每一个成员国和候选国中选取一个提高公众安全意识的节点（node）组织或团体。节点组织的职责包括：负责告知居民有关过滤软件、市民热线及自律框架的有关信息；在充分借鉴别国先进经验的基础上，通过适当的渠道开展提高意识等活动；为选拔节点组织提供专业和技术指导等。通过指派网络节点，将促进欧盟范围内相关标准和指针出台，形成一套工作方法和实践，解决各国法律热线使用的限制。此外，在对付垃圾信息的举措方面，欧盟以立法建议的形式提出通过电子邮件等多种方式建立投诉机制，并要求成员国就投诉机制的问题开展跨国合作等。

三、实行欧洲范围内的游戏分级制度

在网络过度使用和游戏方面，欧盟各国实行泛欧洲游戏信息系统 PEGI 制度。除德国外，欧盟成员国在电子游戏未成年人保护方面实行泛欧洲游戏信息系统 PEGI 制度。PEGI 数据库包含了在 PEGI 等级制度自 2003 年 1 月 3 日运行开始后分类的所有游戏。PEGI 制度是欧洲现行的游戏分级制度，由欧洲互动软件联合会（SFE）制定。但由于各个国家的情况不同，PEGI 分级在大多数国家中只具有参考性，不具备法律效力，部分欧洲国家有自己的分级标准。PEGI 等级标识分为年龄类别和内容类型两部分。年龄类别分为 3+（三岁以上，下同）、7+、12+、16+、18+ 等 5 个类别。内容描述共有 8 类，分别为粗话、歧视、药品、恐怖、赌博、性和暴力以及在线游戏。这些内容类别会标示在游戏包装的背面，通过这些内容标识，家长们可以更好地为孩子选择适合其年龄的游戏。PEGI 是自律性质的，销售一款被 PEGl 分级的游戏给不适龄对象的行为并不算违法，但 PEGI 在欧洲适用效果很好。PEGI 整个分级系统建立以由互动软件发行商签署制定的《欧洲互动软件行业关于互动软件产品年龄分级、广告与销售行为规范》为基础。

四、设立在线教育平台防止过度使用，行业自律规则及时跟进

欧盟还创设名为"网络素养"的在线教育网络平台，以防控网络过度使用。该网络平台为青少年、父母、教师等提供各种免费的学习资料，启动"网络安全项目"，资助了与网络素养教育相关的调查研究课题和实际运用项目，以帮助青少年培养对有害网络内容的分辨能力，提高对非法网络行为的警觉能力，练就自我保护能力。

在行业自律方面，设立自律原则。欧盟建议社交网站执行旨在保护未成年人的《欧盟加强社交网络安全原则》（无法律约束

力），获英国 Bebo 网、法国 Dailymotion、比利时 Netlog、美国 Facebook 及 MySpace 等 17 家主要网站的支持。该原则要求社交网络服务提供者遵守 7 条原则：①向儿童和青年用户、父母、教师提供安全、负责任的使用社交网络的信息和政策；②确保服务与用户年龄相适应，明确何时其服务不适合儿童和青年，何地使用最低注册年龄，并采取措施识别并禁止低于规定年龄的用户使用服务；③赋予用户使用工具和技术的权利，采取措施确保 18 岁以下用户的私人信息无法通过搜索引擎或者网站获取；④建立方便实用的举报机制，以便儿童和青年用户随时举报违反服务协议的行为或内容；⑤对违法内容或行为的举报做出回应，快速审查并删除违法内容；⑥提供个人信息和隐私安全设置选择，使儿童和青年用户能够运用并鼓励其运用安全的个人信息和隐私保护方法；⑦评估服务对儿童和青年的潜在风险，确定审查非法内容、行为的适当程序。

英国：为未成年人营造良好的网络环境

英国从国家层面建立了多维度的对未成年人上网的管理制度。在管理机制方面，英国建立了政府主导、合作监管和自律机制等多种机制保护未成年人的上网安全，确保网络上接触的内容不会损害未成年人的身心健康。

一、构建政府主导、合作监管和行业自律相结合的监管机制

（1）由英国政府主导的机制——未成年人剥削和在线保护中心（CEOP）于 2006 年成立。CEOP 当前是英国国家犯罪局下的一个机构，其主要作用是与国内、国际各类相关机构合作，将参与在线违法内容的制作、分销和观看的儿童性犯罪者送上法庭。

（2）政府与行业联合监管机制——英国未成年人互联网安全理事会（UKCCIS）建立。2008 年在英国政府推动下成立了 UKCCIS，它由超过 200 个政府部门、行业组织、执法机构、学术组织以及慈善组织构成，其作用是通过合作来保护未成年人安全上网，它整合了互联网安全研究、协商、发布行业行为规范、给用户提供建议等功能。

（3）自律机制——互联网监视基金会（IWF）成立。1996年，在政府倡导下由英国网络中介服务提供商自发成立了"互联网监视基金会"，当前该组织已经有120多个成员。

一是英国根据《R3安全网络协议》成立自律机构互联网监视基金会（IWF）。IWF通过与网络行业协会、执法机构、政府部门和国际伙伴合作，使网上的非法信息存量最小化，尤其致力于网上儿童色情问题的解决，其任务具体包括：打击世界各地的儿童性虐信息，保护性虐受害儿童免受重复的伤害和被公众识别，防止网络用户无意中浏览儿童性虐信息，删除英国境内的可入罪的成人淫秽信息和非照片性质的儿童性虐信息。

二是IWF通过设立热线受理公众对网络儿童色情或其他非法内容的举报或投诉、通知英国网络服务商删除有关非法内容（通知—删除模式）、通过定向评估和监视系统移除新闻组的儿童性虐信息、对于经通知未删除的境外儿童性虐信息要求运营商断开儿童性虐信息链接和对分销儿童性虐信息的网站域名予以撤销登记等手段，打击网络淫秽色情信息传播。

三是IWF设立内容分级和过滤系统，让用户能阻拦或预先警惕令人厌恶的内容，鼓励用户自行选择需要的网络内容。除法律明文禁止的儿童色情内容以外，对于成人色情、种族主义言论等内容，IWF主张通过内容分类标注技术，让用户自行决定是否要浏览该内容。

二、通过分散立法模式对未成年人上网进行保护

立法方面，英国并未设立专门的关于未成年人上网保护的法律，主要散见于《1978年青少年保护法》、《黄色出版物法》、《录像制品法》、《禁止滥用电脑法》、《2003年性侵犯法》和《刑事司法与公正秩序修正法》等多部法律当中。其中，《1978年青少年保护法》中规定，拍摄、制作、分销、展示或拥有一张年龄不足18岁的未成年人的不雅图像或虚假图像是违法的。2000年，在RvBowden案中，确立了从互联网下载儿童图像违反该法。其中，图像包括电影、录像、照片或其拷贝，以及可能被转化为图像的计算机数据等。《黄色出版物法》规定，发布任何可能导致阅读、看到、听到的人堕落变坏的内容的行为构成犯罪，包括极端性行为。其中，《录像制品法》规定，向一定年龄限制以下的未成年人销售、出租或观看电影或销售、出租视频游戏是违法的。

三、建立网上过滤系统对未成年人上网内容进行管理

在内容监管方面，英国对于未成年人上网的内容和个人信息保护方面的具体措施多是通过政府命令、行业自律规则、用户教

育等方式来达到互联网管理和保护未成年人的目的。

在网络内容监管方面，英国通过过滤制度对未成年上网内容进行管理。从英国的实践来看，目前仍然是互联网服务提供商自愿提供过滤器。从 2013 年 12 月开始，英国主流网络服务提供商均已同意，把自动屏蔽色情网页作为所有新用户的默认设置，用户可选择是否关闭该模式。对于现有用户，网络服务提供商会通知他们决定是否增设成人内容过滤器。如果用户不作选择，网络公司将自动激活这个过滤器。一旦安装，用户再要关闭，须提出申请。此外，运营商推出父母监视子女手机系统，英国政府建立了专门网站公示儿童色情网页，英国警方建立包含相关儿童色情图片的专门数据库，并用于追踪、打击网络色情犯罪活动。

从政府命令发布角度来看，政府要求 ISP 为家庭用户安装内容过滤系统。2013 年 7 月，英国首相卡梅伦发布讲话，要求 ISP 在 2013 年底之前给所有家庭用户（包括新用户和现存用户）都安装默认的色情内容过滤系统以保护青少年，用户也可以自行选择将其进行关闭。尽管这一要求迄今并无明确的法律依据，但是从 2013 年开始四家主要的 ISP（BT、TalkTalk、Virgin Media and Sky）已经开始对新用户启用默认过滤系统，2014 年底，现存用户的默认过滤系统普及率达到 95%。

四、行业中各企业积极行动，发挥自律作用

2004 年，在英国通信管制机构 Ofcom 发布《手机新型内容自律规范》后，英国移动运营商开始对互联网内容实施过滤。当前，所有主要的英国移动运营商都已经自愿实施默认内容过滤系统，对手机网站内容进行分级标注，标明哪些内容不适合年龄在 18 岁以下的青少年观看，并采用技术手段过滤那些不适合青少年观看的内容。用户要观看不适合 18 岁以下未成年观看的内容，只有通过验证程序证明自己年满 18 岁，才能获取受限内容的访问权。可能被封堵的内容包括：性暴露、聊天、犯罪技巧、吸毒、酒精和吸烟、赌博、黑客、仇恨、暴力、武器及个人约会。固定互联网内容管理方面，2011 年，UKCCIS 发布由 BT、TalkTalk、Virgin Media 和 Sky 四家固网 ISP 联合签署的《关于加强父母控制的行业规范》，四家 ISP 承诺将合作开发新技术使得未成年人父母可有效对其子女能够访问的内容进行控制，并且承诺将采取措施提高未成年人父母对控制措施的认知程度。在该自律机制的影响下，到 2013 年，已经有 45% 的家庭安装了互联网过滤系统。

五、政府为未成年人及其父母提供合理的上网指引

2012 年 2 月，英国网络安全委员会 UKCCIS 发布《未成年人互联网安全建议 1.0：提供商通用指南》供未成年人及其父母参考。该指南由 40 多个来自政府和管制机构、行业及学术组织的组织制定，针对未成年上网可能面临的隐私、与陌生人通信、性图片、有害内容、网络欺凌以及诈骗风险，针对聊天、共享、游戏、内容提供、购物几种业务类型，分别给未成年人及其父母提供削减风险的建议。

日本：未成年人网络保护实践

针对未成年人网络保护领域的相关问题，日本搭建了内容较为全面的制度框架，法律法规、行业自律与企业内部约束相结合，创造健康、有序的生态环境。从立法层面，日本与未成年人网络保护相关的最主要立法是 2009 年 4 月 1 日颁布实施的《加强青少年网络环境安全法》，该法正文共 31 条，附则 5 条，由日本内阁总理、总务大臣和经济产业大臣联署颁布，对国家和地方公共团体、行业管理协会、电信服务商、过滤软件开发商、网络内容服务商、民间团体和未成年人监护人等在保障青少年安全安心上网方面的义务做出了详细规定，最主要是规定防范与过滤针对青少年的不良信息，要求推广和不断升级过滤软件，保障青少年的上网安全。另外，《青少年网络规范法》《交友类网站限制法》等也对未成年人网络保护相关内容做出规定。

一、建立多方合作的不良信息过滤机制，强化内容管理

日本建立了政府部门、企业、行业、家庭等全方面参与的不良信息过滤体系。第一，在政府机构设置上，《加强青少年网络环

境安全法》要求，"在内阁府设置青少年不良网络信息对策及环境整顿促进会"，作为推动青少年安全安心上网的主管机构，负责制定"保证青少年能够安全安心上网的基本计划"，其中包括提高不良信息过滤软件性能及普及率的相关对策。

第二，政府采取措施积极推动有害信息过滤的落实。2004 年，日本政府通过专项资金委托日本互联网协会研发手机有害信息过滤系统数据库。2007 年 12 月，日本总务省发出通知，要求移动通信运营商在向未成年人提供服务时，原则上都要安装有害信息过滤软件，对不愿安装者，必须得到监护人同意才能出售。日本总务省还与 NEC 共同开发过滤系统，防堵有关犯罪、色情与暴力的网站，并研究如同美国的 V-chips 晶片，称为"聪明晶片"的开发，希望借此防堵青少年与儿童接触不适宜的内容。另外，2009 年 3 月，日本内阁府、警察厅、总务省、文部科学省、经济产业省等政府部门共同发起"官民携手，普及手机过滤软件"活动，各大电器商场和多个民间组织也积极加入普及手机过滤软件的活动中，在一定程度上促进了民众对过滤软件的认知。

第三，企业管理措施上，自《加强青少年网络环境安全法》实施以来，相关企业纷纷推出针对未成年人的上网安全套餐，如"手机限制访问"，在给手机安装过滤软件的同时，会在晚上 10 点至次日早上 6 点之间自动中断手机上网功能。如移动运营商 NTT DOCOMO 公司推出手机上网连接受限服务条款，自动为未成年人提供上网过滤服务。除安装过滤软件外，还可以设置每天上网时间和访问网页次数的上限，以防止未成年人沉迷手机网络。此外，日本三大通信运营商已在其运营的手机系统中内置了家长管理软件，用来过滤有害信息。同时，电信企业还先后推出了儿童专用手机，这种手机删除了网页浏览和短信功能，仅能和通讯录中预存的号码通话，还配备了 GPS 定位系统和报警器，受到家长的广泛好评。

第四，在家庭方面，家长作为监护人，必须懂得如何使用过滤软件过滤儿童不宜的内容，并和孩子保持良好的沟通交流。

第五，在民间自律方面，《加强青少年网络环境安全法》还支持民间组织成立"促进过滤机构"，对不良信息过滤软件和过滤服务进行调查研究，对过滤软件和过滤服务进行普及和推广，推进过滤软件的技术开发，并要求国家及地方公共团体尽可能地向从事相关事业的民间团体或企业提供必要的援助。

二、以立法形式加强对不良信息发布的限制和惩处

日本 2008 年 6 月通过的《青少年网络规范法》，明确将"诱使犯罪或自杀"、"显著刺激性欲"和"显著包含残忍内容"这 3 种信息划归"有害信息"范畴，并要求通信商和网络服务商就这些信息设置未成年人浏览限制。

同时，日本 2003 年出台的《交友类网站限制法》规定，利用交友类网站发布"希望援助交际"（实质是"卖春"的援助交际）类的信息，可判处 100 万日元以下罚款。交友类网站在做广告时要明示禁止儿童利用，网站也有义务传达儿童不得使用的信息，并采取措施确认使用者不是儿童。

此外，日本政府加大对有害信息发布行为的惩处。2008 年 2 月，设立针对互联网和手机有害信息的"违法有害信息咨询中心"和"互联网热线中心"，接受违法有害信息举报。相关数据显示，仅 2009 年 9 月，"互联网热线中心"就接到 1.2 万件各种违法有害信息的举报，分别给予删除有害内容、屏蔽网站、移交警方等处理。同时，日本各级警察部门也公布了举报电话，并实施"网络巡逻"。警局职员在受警方委托的团体协助下，监控网站及论坛上危害未成年人的不良信息，一旦发现，警方可要求网络服务供应商或论坛管理者立即予以删除。

三、在网络游戏管理方面实行分级管理

2004 年 4 月成立的"网络共同体特别委员会"负责日本网络游戏产业的行业自律和分级审查。同时，日本计算机供应商协会派生出的相对独立的"电脑娱乐评价机构"（Computer Entertainment Rating Organization，简称 CERO），也对作品进

行审查。目前所有在日本地区发行的电视游乐游戏和 PC 平台游戏都受 CERO 分级制度的约束。

旧的 CERO 分级策略分为四个级别，2006 年 5 月 30 日，新分级制度扩充为五种，以 A、B、C、D、Z 五个英文字母区分不同的级别（Z：仅限 18 岁以上对象，D：17 岁以上对象，C：15 岁以上对象，B：12 岁以上对象，A：全年龄对象），这五个级别以五种底色标示在游戏封面左下角与侧边下缘。同时在游戏包装的背面标示了游戏取向。在"内容描述"中，针对游戏所包含的特定内容做进一步说明，包括恋爱、性、暴力、恐怖、饮酒、抽烟、赌博、犯罪、毒品、言语与其他，9 个大项目，22 个小项。青少年玩网络游戏过程中易被不良网络游戏中色情、低俗、暴力内容误导，走上犯罪道路，日本的这一分级制度，可以较为有效地防止青少年犯罪的发生。

四、规定了企业在未成年人网络保护中的具体责任

一是提供移动电话互联网连接服务的企业，在签署开通上网服务契约时，发现签约方和电话使用者是青少年时，必须以使用未成年人有害信息过滤软件为条件，才可提供服务。不过，如果青少年的保护人向企业申请提出不需要使用青少年有害信息过滤服务的时候，则不在此项规定的范围之内。二是制造具有连接互

联网功能的机器的企业，在制造青少年可以使用的并具有连接互联网性能机器的时候，应采取措施，在编入青少年有害信息过滤软件的同时，也应该采用某种办法，来减轻青少年有害信息过滤软件和过滤服务的使用难度，并且售卖此类机器。三是负责开发以及提供青少年有害信息过滤软件的企业，在尽可能地减少对青少年有害信息浏览量的前提下，也要考虑不进行过分的限制，因此要虑到以下事项：根据青少年的发展阶段和使用者的选择，尽可能详细地设定需要限制浏览的信息；在进行浏览限制的同时，针对没有必要进行限制的信息，要尽可能地减少限制等。四是特定服务器管理员在使用其管理的特定服务器时，在知晓了他人正在向互联网发送面向青少年的有害信息的情况下，必须采取相应措施，让青少年无法浏览相关信息。

韩国：未成年人网络保护实践

韩国政府于 2005 年 10 月实行互联网实名制，即在网络上发帖、跟帖以及上传照片和动态影响时需要确认居民身份证和本人真名的制度，以纠正网络不良行为猖獗，如在网上侵犯人权、诋毁名誉、侮辱谩骂等现象。由于韩国手机在销售时必须有身份证明，网络管理部门在需要时可以通过与手机运营商合作，追查上网者的真实身份，对未成年者加强管理，提供保护。需要说明的是，2012 年 8 月，韩国宪法法院确认韩国实名制依据的部分法律条款违宪，就此，韩国有关上述发帖等与公告板相关的互联网实名制要求被取消。

一、专设单行法律规范净化青少年网络环境

韩国未成年网络立法模式是在普通法典之外，专设单行的《青少年保护法》。韩国在互联网立法上采用将现有法律和专门立法相结合的方式，以此调节互联网服务的运营。政府通讯部长官有权命令电讯事业者不得经营淫秽物，政府通过信息通讯伦理委员会审议规制不健康信息，《电子通信商务法》将危险通信信息作为管制对象，并将管制权力委托信息通信道德委员会（ICEC）行

使管理权限，ICEC 审查范围包括 BBS、聊天室以及其他侵害公众道德的公共领域、可能丧失国家主权以及可能伤害年轻人感情、价值判断能力等的有害信息。同时，《游戏产业振兴法》《预防及消除游戏成瘾对策》等法律和政策文件也做了相关规定。

二、实施内容分级、信息过滤等手段保护未成年人网络权益

韩国法律要求互联网运营商根据内容分级系统——互联网内容筛选系统（PICS）对所有将要发布的信息进行内容分级。一是，政府要求含有未成年人不适宜浏览内容的网站必须按照 PICS 的标准设置醒目标志，互联网接入中心必须安装过滤系统，对国外的色情和暴力网站编制"黑名单"等。二是，韩国因特网安全委员会开通了互联网内容排名服务，对网络内容设置了一个标准，鼓励网络用户传播信息时按照该标准将内容登记排名，同时用户也可以使用按照该标准建立的排名数据库，以免遭受网络有害信息的侵扰。三是，为了防止青少年接触成人信息，韩国要求网吧、学校、图书馆等公共上网场所安装过滤软件，限制色情或不适宜网站站点的连接。四是，韩国法律要求门户网站的检索技术在输入成人类的检索词时，必须自动启动成人认证程序。对于含有不适合青少年浏览内容的网站，则要求必须确认浏览者的身份和年

龄，要求使用者在接入网页前填写准确的身份证号码和真实姓名。按照韩国《青少年保护法》的规定，已经被确认为含有不适宜未成年人浏览内容的网站必须运用"居民登记码"（IRN）技术确认网络用户的身份。

此外，对通过手机传播包括色情在内的有害信息，韩国采取了"堵"与"追"并重的手段。韩国法律规定，未经接收者同意，不得发送广告短信，这为从源头上打击旨在营利的非法短信发送提供了法律依据。此外，如收到垃圾或有害短信，接收者可向互联网振兴院举报，并由放送通信委员会提供网络技术手段进行查处，最高可处 3000 万韩元（约合 2.5 万美元）的行政处罚。

三、采取多重措施加强网络游戏管理和网络沉迷应对

早在 2010 年，韩国就制定了《预防和消除网络游戏沉迷政策》。韩国文化体育观光部表示，为促进全社会形成健康的游戏文化、促进游戏产业持续健康发展，该部针对占国内游戏产业 80% 以上的在线网络游戏制定了《预防和消除网络游戏沉迷政策》。根据该政策，政府将实施游戏使用时间限制、强化本人身份认证制度等措施，并制定相关法律来规范游戏运营商，以预防和消除人们对游戏的过度沉迷。其中，最引人注目的是韩国政府将实施游

戏使用时间限制措施、强化本人身份认证制度和子女游戏时间管理制度。游戏使用时间限制措施包括引入"疲劳度系统"和"深夜时间关闭"措施。"疲劳度系统"主要针对那些玩网络游戏时间过长的人，一旦超过一定的时间限制，该游戏的接入速度将会减慢。"深夜时间关闭"措施是指午夜后网络游戏将拒绝青少年的访问。强化本人身份认证是为了避免青少年和他人盗用身份证接入游戏，该制度要求用户在登录游戏时，需要经持身份证者本人进行确认。子女游戏时间管理制度是指家长可以通过游戏网站确认子女加入了哪些游戏和游戏使用时间，游戏运营商可以根据家长要求对子女的游戏时间段进行设定。

韩国对网络游戏内容实行按用户年龄分级管理制度。韩国《青少年保护法》第三章专章规定了"预防青少年网络游戏成瘾"。第 26 条规定了网络游戏提供人的告知义务，即网络游戏提供人应向未满 16 岁申请加入会员的青少年亲权人告知有关该青少年的下列各项事宜：（1）提供的网络游戏的特征、等级（指《游戏产业振兴法》第 21 条的游戏等级）收费政策等基本事项；（2）网络游戏利用时间；（3）网络游戏使用费结算信息。第 27 条规定了深夜期间提供网络游戏的时间限制（不适用于手游），要求：（1）上午 0 点至上午 6 点网络游戏提供人不得向未满 16 岁的青少年提供网络游戏；（2）女性家族部长官与文化体育观光部长官协商后，应当按照总统令的规定每年 2 次对第 1 项的深夜期间提供网络游戏的时间限制对象之游戏范围进行评价，并做出改善等措施；（3）第 2 项的评价方法及程序所需事项按照《游戏产业振兴法》的规定处理。然而，立法过程及实施后带来巨大争议，并引发违宪诉讼。第 28 条规定了对网络游戏成瘾被害青少年的支援，女性家族部长官与有关中央行政机构长协商后可以支持因网络游戏成瘾（指过度使用网络游戏使网络游戏使用人受到难以恢复日常生活的身体、精神、社会能力的损伤的状态）等媒介物的误用、滥用受到身体、精神、社会能力损伤的青少年的预防、咨询、治疗、康复等服务。

韩国还成立了"网络中毒咨询中心"应对网络成瘾。网瘾防治的费用由政府负担，以中学老师与父母为对象，开设网络成瘾预防讲座，指导他们如何协助青少年养成正确的网络使用习惯；对个人及家庭提供网络成瘾咨询，并且对有网络成瘾症状的学生进行集体辅导。目前，韩国资讯通讯部已在全国开办了 140 多个心理咨询中心。

德国：未成年网络保护实践

在世界范围内，德国是较早颁布网络成文法的国家，对青少年在线活动的法律保护探索较多，影响很大。在立法上，德国制定了《多媒体法》、《青少年保护法》和《阻碍网页登录法》等多项法律规范网络活动，以保护青少年的各项基本权利。

一、通过立法寻求言论自由和未成年人保护之间的平衡

德国青少年的立法保护是建立在宪法保护的框架之下的，德国《基本法》第一条虽然规定任何人皆有以文字、书面及图片发表意见和不受限制地获取信息的权利，但是该法第一条第二款还规定，为保护青少年及个人名誉权利时可限制这种自由。据此，德国联邦和各州制定了一系列法律来限制淫秽色情、暴力、种族歧视等信息的传播，以保护青少年免受伤害。

德国通过《青少年保护法》和《广播电视与电信媒体中人格尊严保护及少年保护国家合同》两部法律，对大众传媒的内容和载体进行了规范。对于媒体传播内容的管理主要是通过两种途径。其一，州最高机关或者自愿独立审查组织在电影、电视和娱乐节

目上标注适合儿童情况的标识，包括：不限制年龄的开放、对 6 岁以上年龄开放、对 12 岁以上年龄开放、对 16 岁以上年龄开放、不得对少年开放。其二，成立联邦危害少年媒体检查署，负责管理和维护危害少年媒体的目录，将无道德、具有野蛮影响、引起暴力、犯罪和种族仇恨的媒体列入目录，按照 A、B、C、D 四类进行管理。

二、出台多项法案加强对互联网内容的监管

《青少年保护法》规定：电脑游戏必须像电影和录像那样，根据其内容标明不同的年龄限制级别；如果电脑没有监控装置，网页商则必须有限制性措施的设计，以防止青少年进入色情网页。

《公共场所青少年保护法》也规定，网吧经营者不得向未成年人提供可能危害他们身心健康的游戏软件。对传播黄色信息的网吧或个人，德国法律将对其责任人进行处罚，最高可处以 15 年监禁。德国法律规定，只有年满 16 周岁者方可进入网吧上网，有些网吧甚至只接待 18 岁以上的顾客。周一至周五的早上 9 点至下午 3 点之间，中学生严禁出入网吧（因为这是学生上课时间）。为防止网络有害信息传播，德国政府规定所有网吧的电脑必须设置有过滤和监控黄色有害网站的系统，如顾客输入德国政府"黄色网站黑名单"里的地址，电脑立即会出现"警告"，指出这个网址

"有害健康，禁止链接"。违反规定的责任人将被处以罚款，并受到指控。

目前，德国各类普通法中关于限制包括色情、极端暴力和侵犯知识产权内容在内的条款均适用于国际互联网。向18岁以下的青少年提供色情、暴力和种族歧视内容的材料可能被视为刑事犯罪，但父母和子女间涉及这些内容的通信不在此列。通过电子媒介出版、发行和订阅含有鼓吹纳粹国家主义和种族仇恨的言论都属于刑事犯罪而被严格禁止。德国《刑法典》第184条明文规定，向青少年传播色情信息的将被处罚款或者3年以下有期徒刑。传播或有组织传播儿童色情信息的，将被处以最高10年有期徒刑。

2009年，德国政府还出台了一部反儿童色情法案《阻碍网页登录法》。根据此法案，联邦刑警局将建立封锁网站列表并每日更新，互联网服务供应商将根据这一列表，封锁相关的儿童色情网页。该法案已经获得德国联邦议院和联邦参议院的批准。

不仅如此，德国政府还在制定新的打击互联网儿童色情犯罪法案，将原来的"封锁"儿童色情网页改为"删除"网页。政府将在所有法律草案基础上集中致力于删除网上儿童色情网页，并最终出台一部以"删除"为重点的反儿童色情法。针对手机上网问题，2003年，德国通过了《联邦反垃圾邮件法案》，该法案应用范围包括手机通信领域，法案规定向用户推销商品和服务的广告短信，必须征得用户的书面同意，否则将被处以罚款，德国政府还成立了"联邦手机短信处理中心"来管理违反该法案的非法者。

三、明确未成年人网络保护中的各方主体责任

在联邦层面，1997 年，德国制定通过了有名的《多媒体法》（又称《关于信息和通信服务的一般条件的法案》）。该法对国际互联网的规制提出了新的方法，明确规定了互联网内容提供方、互联网服务提供方和网络搜索服务提供方的法律责任。《多媒体法》扩大了《刑法》中"出版物"的概念，明确规定"出版物"包括电子的、视觉的或其他类型的数据存储介质，着重限制包含猥亵、色情、恶意言论、谣言、种族主义的言论，尤其禁止与纳粹相关的思想言论与图片在互联网上传播。在保护青少年的问题上，该法修订了旨在寻求言论自由和保护未成年人权益之间平衡的现有法律。根据《多媒体法》，信息提供者有义务在德国境内不向儿童传播已列入名单的、只可向成人开放的出版物。信息提供者应采取必要的技术措施，限制特定出版物的传播。违反者将受到处罚。德国危害儿童出版物检查署负责列出对青少年构成危害的出版物的名单。信息提供者还应当在其机构内部或外界管理机构指定"年轻人保护官"作为监督员，与公众配合，保证儿童接触不

到不适宜的出版物。

2003 年，德国联邦制定了新版的《青少年保护法》，替代了 1985 年出台的《散布不良内容残害青少年法》，适用范围同样扩展到了广播电视和网络媒体领域。新版的《青少年保护法》明确规定儿童为 14 岁以下者，青少年为 14 岁至 18 岁之间者。《青少年保护法》规定，在联邦政府层面，成立直属于联邦家庭、老年、女性和青少年部的"危害青少年媒体检查署"（BPJM），就对儿童及青少年教育和发展有严重影响的信息内容进行管制。该法第 19 条规定，"危害青少年媒体检查署"由主管机关、协会组织、社会团体等各界代表组成，并通过讨论来确认是否有将某类内容进一步列入危害青少年出版物品名单的必要。

与之类似，《危害青少年传播出版法》规定，网络服务提供者在所提供的信息中，如果有可能包含危害青少年身心健康的内容，或者要"义务接受政府委派的特派员对其进行义务指导和咨询，参与其服务计划的制定以及制定特定服务的条件限制"，或者要"以严格自律机制履行保护青少年的任务"，两者任选其一，否则将被视为"违犯了行政法规，为此承担法律责任"。

· 机构简介 ·

腾讯研究院法律研究中心　腾讯研究院是腾讯公司设立的社会科学研究机构，旨在依托公司多元的产品、丰富的案例和海量的数据，围绕产业发展的焦点问题，通过开放合作的研究平台，汇集各界智慧，共同推动互联网产业健康、有序的发展。研究院旗下的法律研究中心是专门的互联网法律研究平台，致力于搭建起产、学、研、政之间沟通交流、成果转化并推动制度设计良性运转的开放平台。

中国信息通信研究院互联网法律研究中心　研究中心致力于加强互联网法律研究，依托政策与经济研究所。研究中心旨在进一步加强互联网重大立法和政策研究，为相关政府部门提供立法和政策建议，构建政府、企业沟通协作与研究探讨的平台，打造互联网法律领域专家团队。

第12讲 《紧急求助——网络安全指南》

ThinkUKnow（澳大利亚）著，李　莎　译

引言　互联网数据统计机构（Internet World Stats）最新发布信息显示，截至 2017 年 6 月，全球网民数量已突破 38 亿人，其中，青少年网民数量明显呈逐年递增趋势。由于网络环境的巨大变化和青少年身心发展特点之间存在严重的不平衡，如何保障青少年用网安全引起世界范围内的重视，欧美发达国家和日本、韩国都针对这一问题做了不同程度的保障。由于篇幅限制，这里选取非常具有代表性的澳大利亚的经验做法。

感谢 ThinkUKnow Austrilia 项目方授权，感谢中国人民大学新闻学院 2016 级硕士研究生李莎的翻译贡献。

ThinkUKnow（澳大利亚）简介

ThinkUKnow 由澳大利亚联邦警察局（AFP）、澳大利亚联邦银行、数据通信（Datacom）和微软澳大利亚分部联合主办，而且在运作过程中与澳大利亚各州和地区警局以及澳大拉西亚邻里守望组织共同合作。

ThinkUKnow 是澳大利亚第一个也是唯一在全国范围内发起并有执法依据的技术友好型犯罪预防项目。通过教育和赋权来实现自我保护，是儿童保护自己免遭具有威胁性甚至有害性的网络情境侵扰的关键。这一项目聚焦于年轻人的网络行为和他们面临的潜在挑战，以及问题出现之后他们所能采取的应对措施、他们可以寻求帮助的交流对象。

目标：ThinkUKnow 旨在让每个澳大利亚人都能在网络空间里获得安全、尊重和活力。

联系我们：你可以在 http://www.thinkuknow.org.au 找到更多关于如何在网络空间里保持安全的信息。如果你想预定 ThinkUKnow 的演讲，你可以在线预定或在办公时间拨打预定中心电话 1300362936 进行预定。

Facebook：facebook.com/ThinkUKnowAustrilia

Twitter：twitter.com/ThinkUKnow_Aus

一、他们看了什么

年轻人经常利用网络来打发时间，他们可能会在网络上搜索视频或有趣的信息，也可能会利用网络来答疑解惑。尤其是青少年，他们可能会通过访问网站来了解自己的生理变化，并获取与人际关系、性相关的信息。

年轻人学会质疑其在网络上浏览的信息的价值性和准确性，是至关重要的。如果你的孩子在网上浏览了令其不安的内容，和他们开诚布公地交流问题的应对方法是非常重要的。

访问不当内容可能会对孩子造成心理伤害，而且不当内容的曝光可能会使孩子对一些极端信息脱敏，比如色情描写、儿童剥削、激进意识形态以及犯罪活动。

我能做什么？

→ 如果你的孩子在网上浏览了令其不安的内容，和他们开诚布公地交流问题的应对方法。在网站 thinkuknow.org.au 上可以下载该指南，指南尾页上有相关的支持服务清单。

→ 鼓励你的孩子，当在网络上浏览到令其不适的内容时，向你或其他信得过的大人求助。

→ 了解你的孩子在网络上搜索的信息内容。

→ 了解你的孩子可能上网的地点，是在朋友家，在学校还是在图书馆。

→ 与你的孩子就恰当使用互联网及其技术的安全规范进行讨论，家庭安全上网合约是开启讨论的好方法。

→ 与孩子进行交流，让其明白网络上也存在错误信息。

→ 增强这样一种观念：警方能够追踪到网络上的非法活动，还会追究那些非法行为人的刑事责任。

→ 尽可能监督幼童的上网行为。

→ 考虑使用过滤软件、家长监控和安全搜索控件。

二、他们说了什么

年轻人利用互联网与朋友聊天并进行社交，有时也利用网络来认识新朋友。线上社交可以通过社交网站、聊天室或应用程序来实现，也包括在个人 Facebook 主页上发布内容或评论 Instagram 上的照片。

在澳大利亚，可供年轻人选择的流行的聊天应用包括 Kik、WhatsApp 以及 Whisper。但最受欢迎的软件时刻在变。

即时通讯功能或直接聊天功能有时也被嵌入应用和游戏里，比如 Think Snapchat、Minecraft、Call of Duty、Instagram、Facebook 和 Skype。

我能做什么？

→ 了解你的孩子在网上交的朋友都是哪些人，问孩子是否见过或了解那些网友。

→ 了解你的孩子正在使用哪些应用程序、社交网站或及时通讯软件。

→ 与你的孩子就哪些是可以在网络上进行分享的个人信息的问题进行交流。

→ 保证你的孩子在社交网站上的账号和设备的隐私设置的安全性。

→ 了解屏蔽或举报用户、网页或群组的方法。

→ 了解在你的孩子使用的各式各样的网站和设备中，能通过什么渠道获得帮助。

→ 与你的孩子就与网友聊天时应遵守恰当的安全规则进行讨论。

这份指南里的家庭安全上网合约，是开启你和孩子网络安全讨论的好方法。

注意：并非每个在网络环境里的人都会透露其真实身份，一些应用无需注册或验证，所以你可能无从得知与你孩子聊天的网友的身份。

三、他们做了什么

借助应用程序、社交网络和游戏，有很多接入网络的方法。我们鼓励每个人以积极而平衡的方式来使用技术。父母和监护人在其间扮演了重要角色。

一旦使用不当，任何设备或应用都有可能导致危害。找出你的孩子的线上行为的最好的方法是直接问孩子，但这里列举了一些常见的活动：

社交网络：Facebook、Instagram、Snapchat、You Tube、Musical. ly、WhatsApp、Skype、Twitter、Periscope；

游戏：Call of Duty、Minecraft、Candy Crush、Clash of Clans；

应用程序：Happn、Messenger、Pokémon Go、Tinder、Musical. ly、Kik。

我能做什么？

→ 研究或下载你的孩子使用的应用、游戏和网站，熟悉其运行方式，ThinkUKnow 网站上有很多针对应用程序的技巧。

→ 在下载和安装一款应用前，先检查该应用想要获得访问权限的设备功能（比如定位功能），禁止任何使用该应用的非必要功能。

→ 检查分类，因为分类能提供一个该应用的内容和功能对于孩子来说是否适宜的好的参考。但分类有时是游戏或应用的开发者设置的，因而不能只评判分类。

→ 很多应用含有应用内购买服务，这可能会产生高额的费用，关闭应用内购买服务是一个不错的办法。

→ 只从官方应用商店里下载应用，比如苹果应用商店或安卓市场。

→ 确保你的孩子只和认识并值得信赖的人进行线上接触和交往。

→ 与孩子进行交谈，让他们在网上不要被迫做分享和做一些令他们感到不适的事情。

→ 确保你的孩子能够明白，在没有信得过的成人的陪同下，儿童绝不应该安排与网友单独会面。

四、了解挑战

就像我们做的任何其他事情一样，我们在网络空间里也可能会面临一些挑战。绝大多数情况下，这些挑战会和个人隐私、人身安全、社会交往或个人声誉息息相关。这些挑战具体包括个人隐私、用户数据、信息分享、社会交往、人身安全、约会交往和色情短信、网络霸凌以及个人声誉。

我能做什么？

孩子享有安全权。在与技术打交道的过程中，年轻人很有可能会犯错。当在线上遇到不当情况时，你的孩子应该对所能采用的行动有所了解。他们应该知道如何屏蔽和报告他们所使用的每一个游戏、每一个网站以及每一款应用。

（一）个人隐私

个人隐私设置：如果你的孩子拥有社交媒体账号，请确保他们的隐私设置是安全的。这就意味着在 Facebook 上"只对朋友可见"，在 Instagram 和 Twitter 上均保持"私密"。

政策、条款和条件

无论何时，当你注册一个社交网站账户或下载一个应用的时候，你都会被要求同意其条款和条件。不幸的是，很多人并不会阅读那些细则，也不会申请绝大部分恰当的隐私设置（这些隐私设置基本不是默认设置）。

多数社交媒体服务的条款和条件都涵盖四部分的内容。

（1）许可协议。这一协议将允许服务商在未经你允许的情况下，修改、添加、删除、公开展示、重制、复制、传递、售卖和使用你的个人信息，包括你的照片、帖子、私人信息、评论和视频等。

（2）法律免责声明。这就意味着出于调查目的，服务提供商可以向警方提供信息。

（3）社区指南。这些规则围绕如何使用该服务以及违反规则需要承担的后果，比如封锁账户。这些规则通常也会指出使用该服务的最低年龄规定。

（4）隐私政策。这一部分对服务商采集的私人信息内容和其使用方式，及用户可以修改的隐私设置做出解释。

（二）用户数据

教导孩子基本的网络安全技能是非常重要的，尤其是伴随着他们的成长，他们开始创建自己的账户来购物或进行网上银行业务。下面是一些需要注意的挑战。

垃圾邮件

垃圾邮件是指发送到电子邮箱账号和手机，或通过社交媒体传播的来路不明的商业电子信息。

这些信息可能包含商品或服务的广告，试图获取详细的银行卡或信用卡信息，甚至可能包含恶意程序。

网络诈骗

网络诈骗的一般形式是邮件诈骗。一些网络诈骗的例子包括意外之财或奖金、虚假慈善、浪漫约会诈骗以及购买或售卖非法产品等。

最常见的邮件诈骗形式被称作"网络钓鱼"。网络钓鱼诈骗试图诱使人们提供个人信息和财务细节以实施诈骗。

恶意软件

恶意软件是可能诱骗你进行安装并能追踪你的线上行为甚至可能会冻结你的设备并强制你为解冻交"赎金"的软件。

这些软件可能会通过网站、可点击式的弹窗、电子邮件或以社交媒体信息的形式发送给你。

我能做什么？

→ 使用强度高的密码，即应包括至少八个字符的字母、数字和符号，或是使用由随机单词组成的"密码口令"。

→ 密码应定期更改，而且同一密码不宜用于多个账户。

→ 在电子邮件提供商的设置里勾选垃圾邮件过滤。

告知孩子：

→ 注意不要点击存疑邮件的链接；

→ 不要打开陌生人发送的邮件；

→ 在不知道信息使用去向时，不要公开邮箱地址或电话号码。

拥有一个安全性强的账号能够保护你免遭未经授权的访问、敲诈勒索、身份盗窃或网络欺诈的困扰。

（三）信息分享

对于很多社交媒体账号而言，尽管你对个人隐私进行了设置，但你的个人照片和个人简介经常是公开可见的。

对孩子而言，在选择个人照片时至关重要的是不要暴露家庭住址或学校地址，并公布尽可能少的个人信息。

什么是"地理标记"？

大多数人从他们的智能手机上发布社交媒体信息，很多智能手机都配备有全球定位系统，即我们熟知的 GPS。

当打开 GPS 功能拍摄照片时，显示拍照地点的元数据就会被自动嵌入图片里，这就被称为"地理标记"。地理标记功能在社交媒体上发表评论或在即时通讯中也会生效。

对此我们的建议是，在你的移动设备上关闭照相机和其他无需共享实时位置的应用程序的 GPS 功能。

我能做什么？

→ 鼓励你的孩子在其账号中使用最安全的隐私设置。

→ 检查你的孩子所使用的网站和应用的隐私政策、条款和条件。

→ 和你的孩子讨论哪些个人信息绝不能在网上进行分享。

→ 在设备的"设置"里关闭不需要 GPS 的软件的定位功能。

→ 若你的孩子不符合最小年龄要求，而你又对孩子使用账号或应用感到放心，记录并保存他们登录的详细信息以检查他们的活动。

→ 我们也不鼓励年轻人在社交媒体上通过如"签到"等形式来共享他们的位置信息。

（四）社会交往与人身安全

网络诱拐

网络诱拐是指成人想要以建立性关系为目的而接触 16 岁以下的孩子的情况。这种冒犯行为发生在沟通阶段，所以在警方介入和调查的时候还没有出现身体接触的情况。

我们鼓励孩子尽量避免在网络上和陌生人说话，但如果出现他们和陌生人交流的情况，需要避免分享个人信息，并知晓报告可疑行为的方法。进行网络诱拐的人通晓年轻人的网络言行，为了更容易地与年轻人进行交流，他们使用多种手法来"引诱"年轻人。

我能做什么？

→ 和你的孩子讨论他们在网络上可能交流的对象，孩子们是否真正／确实认识与他们交流的人？

→ 保证你的孩子的联系人是他们见过并值得信赖的，并保证孩子经常与之交流是安全的。

→ 年轻人绝不能给陌生人发送照片或分享私人信息，包括他们的位置信息。

→ 警告你的孩子在接受陌生人的礼物时，要明白"世上没有免费的午餐"的道理。送礼的人可能想索取其他的东西作为回报。

→ 年轻人可能会收到来自其他年轻人的性挑逗，当被挑逗的人不情愿时，他可能就会觉得苦恼。对于一些年轻人来说，与保护自己相比，他们可能更担心会伤害到另一个人的感情。在这样的情况下，非常重要的是要提醒他们，他们享有安全权，不要为采取行动保护这种权利而感到害怕。

→ 知晓你的孩子所使用的游戏、应用和网站的屏蔽和报告的方法，这样你才能在网络上有人使孩子感到不适的时候迅速采取行动。

如果你怀疑孩子正面临网络诱拐：

→ 相信你的直觉，如果担心你的孩子或听说有孩子正遭受网络性侵的威胁，请直接采取行动。

　　→ 人人都能通过 afp.gov.au 或通过点击 thinkuknow.org.au 的"报告虐待"按钮来在线报告虐待或其他非法活动。

　　→ 若报告紧急情况或需要高优先级回应的担忧，如孩子正面临即刻的危险或风险，请拨打电话 000 或联系当地警局。

（五）约会交往和色情短信

　　色情短信或发送"裸照"是指分享露骨的文本、图片或视频。年轻人可能会参与这种行为以显示其与同伴之间的亲密，以期吸引同伴或向其他人展示自己。发送露骨的色情图片或文字信息可能会面临法律和伦理风险。鼓励你的孩子思考其发送、发布或接收的内容是非常重要的。

　　现在各类应用还有一个趋势是都在推崇"可擦除"（阅后即焚）媒体，这些媒体上的年轻人相信他们发送的内容会很快"消失"。但无论如何，完全意义上的删除是无法被保证的，而且信息在未经允许的情况下极易被复制和转发。保险、安全或诱骗应用——也被称为"幽灵"应用——可能看起来像合法应用，但这些应用可以被用来储存和缓存图像。

　　我能做什么？

　　→ 我们鼓励你和孩子就相互尊重的关系进行交流，将他们引向值得信赖的两性和亲密关系信息的信源。

→ 如果你对和孩子谈论这些话题感到难为情，指导他们向你所在社区的性健康服务处或性健康支持小组求助。

→ 儿童服务热线对于年轻人来说是一种很好的服务方式，他们能通过这一服务与成人公开讨论各类议题。

如果你的孩子已经制作、发送或接收"色情短信"：

→ 利用你的判断力和思辨力来应对该问题，但也要对以下情况有所了解：

• 给你的孩子发送"色情短信"可能会给孩子带来情感和心理上的不利影响，尤其在其间还出现了一些差错的情况下。

• 考虑向健康专家或孩子的学校寻求建议，学校有强制的向警方报告的义务，而且应该有电子智能政策。

• 如果你认为这一事件带有恶意或可能导致诱拐的发生，请迅速联系当地警方。

如果警方已经介入，你能期待什么？

→ 管辖每个州和领地的警方在"色情短信"案件的处理上可能各有不同。但在联邦法律里，如果一张以 18 岁以下的青少年为内容的图片涉及裸体、有性意味的姿势或性爱场景，则可能构成儿童色情犯罪。

→ 制定法律是为了制裁对儿童实施犯罪行为的成人，但一些"色情短信"的案例也可能会触犯针对这些犯罪的法律。

→ 通常情况下，警方的调查会聚焦这些出于恶意或剥削原因的色情事件的传播范围都涉及哪些外部群体。

性勒索

"性勒索"是一种相对较新的犯罪形式，发生在有人以散布你的私人或敏感信息相威胁的情境里。个人可能会通过使用社交网站、约会交往、网络摄像头或成人网站而成为作案者的目标对象。

警方已经接触过多起性勒索的案件，在这些案件中，如果受害者不满足作案者的需求，作案者就威胁要公开他们获取的受害者的家人或朋友的信息或照片。

我能做什么？

→ 保证你的软件和安全系统是最新的。

→ 不使用网络摄像头时，请将其关闭。

→ 与孩子进行对话，告诉他们发送露骨图片可能存在的法律和伦理风险。

→ 不要打开陌生人发送的附件。

→ 知晓你在网络上的行为和分享的信息都能被保存、记录、复制和转发，这包括视频和语音电话。

→ 请对任何新的或"不同寻常"要求存疑。

如果你已经被威胁：

→ 冻结邮箱和账号，中断所有联系。

→ 储存你能找到的想要勒索你的人的详细信息、邮件、评论或其他证据。

→ 作案者手中往往只有一个砝码：这将使你难堪。你或许需要思考一下如何应对这种难堪。

→ 如果你在一个网站上发现了你的照片，可以尝试联系网站的管理员，让他帮你删除这些照片。

→ 在某些情况下，谷歌或许也能将图片从其检索结果中删除。

→ 我们绝不鼓励你向诈骗者或勒索者付费，你一旦向他们付费或依从他们的需求，你就再不能阻止他们将你作为二次作案目标。

→ 向当地警方、ACORN、儿童电子安全委员会办公室报告你所经历的事件。

→ 如果你需要交谈，可以考虑联系咨询中心或支援服务，如生命热线或儿童援助热线。

（六）网络霸凌

网络霸凌是以信息技术和传播技术为支撑的蓄意而重复的敌对行为。这种霸凌行为会给孩子的自尊心和自信心带来巨大的伤害和冲击。年轻人可能会觉得这个世界上再无安全之所可供躲藏。

网络霸凌行为包括：

→ 在社交网站上发布诽谤信息；

→ 传播网络谣言；

→ 将某个年轻人排除在某个网络小组之外；

→ 通过手机短信、即时通讯或电子邮件发送接收者不愿接收的信息。

如果你的孩子正在遭受霸凌：

• 与你的孩子谈论他们可能已经经历的冲突；

• 帮助锻炼处理令人不快的一次性评论的应变能力；

• 保留霸凌行为的证据，如即时通讯上的对话或网络帖子；

• 和孩子及孩子的学校讨论你的选择；

• 向发生事故的网站进行内容报告；

• 若霸凌内容 48 小时内仍未移除，请向儿童电子安全委员会办公室报告，他们的网址是：esafety.gov.au/reportcyberbullying；

• 至关重要的是，不要移除技术接触的渠道，因为这样可能会在事件升级的时候对孩子主动与你交流形成阻碍。

如果你的孩子正在霸凌他人：

• 向你的孩子解释为什么霸凌是不被接受的行为；

• 找出霸凌发生的原因——很多情况下，霸凌他人的孩子可能正经历其他行为上的难题；

• 促使你的孩子明白他们的行为所导致的线下后果；

• 鼓励你的孩子进行换位思考，如果他们是霸凌对象，他们会有何感受？

应对网络霸凌的建议：

• 建立家长间的沟通机制可以协助培养孩子的应对能力，亦能帮助孩子克服冲突；

• 鼓励你的孩子支持他们正遭霸凌的朋友，也协助他们的朋友向值得信赖的大人求助；

• 给你的孩子提供发展其对抗网络霸凌的个性策略的机会；

• 创造让你的孩子乐意将他们在网上遇到的各类问题都向你求助，而不必担心他们的设备会被没收的氛围；

• 和你的孩子讨论解决冲突的恰当形式，使其遇到问题时不会诉诸网络霸凌；

• 如果孩子不愿与家长交心，确保你的孩子在网络上遇到任何问题时都知道能同谁进行交流；

• 鼓励你的孩子少和陌生人接触，因为这些人可能会通过修改孩子的隐私设置而使他们感到心烦意乱；

• 找出孩子的学校、体育组织和孩子所使用的其他任何网站和应用与网络霸凌相关的政策。

（七）个人声誉

你的数字剪影透露了你的哪些信息？数字剪影是我们很多个人形象信息的反映，包括我们在社交媒体上的"点赞"和"分享"行为，也包括我们在网络上接触的个人和组织。鼓励年轻人在网络上发布或分享信息时要三思而后行。如果在网络上发布信息后不久又将其删除，其仍可能已经被以数种方式分享了：其能被复制、转发、公布、储存或缓存。

很多用人单位、大学和体育组织在通过申请人的申请或在与潜在成员签订合约之前都会对他们进行网络检索。采取一些简单的预防措施来保护你的社交网络资料并控制发布的信息，如通过在 Facebook 上添加验证标签，可以减少私人信息和个人信息的分享。

我能做什么？

→ 鼓励你的孩子思考清楚之后再发布信息；

→ 建议你的孩子定期在网络上进行自我检索（请你自己也这样做）；

→ 鼓励你的孩子与其朋友讨论他们在网络上分享了自己和别人的哪些内容；

→ 在使用社交媒体和应用时，保证你的孩子的个人资料设置是"私密的"；

→ 要求你的孩子启用 Facebook 的验证标签，这样能让他们"打标签"的所有内容在经过他们的同意之后才能被分享。

采取措施

网络诱拐：thinkuknow.org.au；afp.gov.au；

网络犯罪：acorn.gov.au（成人）；

儿童色情：eSafety.gov.au。

网络霸凌和网络骚扰

eSafety.gov.au（青少年）；acorn.gov.au（成人）；

自拍裸照并发送短信

将其报告给你孩子的学校（组织机构），以及（或是）当地警方。

实用网站及联系方式

信息获取：ThinkUKnow；thinkuknow.org.au

咨询和支持：生命热线（131114、www.lifeline.org.au）；儿童帮助热线（1800551800、www.kidshelp.com.au）；伸出援手（au.reachout.com）；霸凌，想都别想！（www.bullyingnoway.gov.au）；顶部空间（www.headspace.org.au）。

家庭安全上网合约

→ 阅读我们的家庭安全上网合约的反面

花几分钟坐下来和你的孩子讨论，关于使用网络你希望从他们那里获取什么。利用这个机会，就你希望他们如何使用网络以及作为家人，当孩子在使用网络的过程中出错时你会做什么的议题，达成一致。

向孩子们解释，父母也需要遵守规则，因为这是一份双向协议。比如，作为父母，你同意不在社交媒体上发表让孩子觉得尴尬的图片和评论吗？

下面是一些协议示例。

作为孩子：

• 我绝不会与只在网络上聊过天的人当面接触，如果有人想要和我见面，我会告诉我的父母。

• 我不会回复陌生人的电子邮件、即时通讯或好友请求。

• 为了提供一个良好的睡眠环境，我会将设备放置妥当后再上床睡觉。

作为父母：

• 如果你在网络上看到或听到任何让你或其他人感到不安或担心的内容，请记得：无论何时你都能和我分享这些担忧，我们将携手找到问题的解决方式。

• 没有什么是比面对一个值得信赖的大人却一言不发更糟糕的事情了。

• 在制定合约的时候需要帮助吗？访问 thinkuknow.org.au，你将能得到一个包括建议在内的版本。

家庭安全上网合约

当谈论到我们在网络上的所看、所言和所作所为时，这份合约能协助我们保持安全：

儿童

我_____，会：

父母 / 监护人

我_____，会：

签名（儿童）：_____   签名（父母 / 监护人）：_____

ThinkUKnow 高级技巧：

→ 和你的孩子开始与网络安全相关的对话，让他们教你他们在网上做的事。

→ 保持了解——对孩子使用技术的方法表现出兴趣，为何不自己试试那些应用呢？

→ 和你的孩子谈论相互尊重的人际关系。

→ 创建一份家庭网络安全协议。我们在这份《紧急求助指南》中已经纳入了一份，或者你也可以自己访问 thinkuknow.org.au。

→ 了解你的孩子在网络上做什么，他们在网络上的朋友都是哪些人，以及他们可能会和网络上的哪些人进行交流。

附 录

相关报告

构建青少年网络素养教育生态系统
——2017 年青少年网络素养调查报告

方增泉　祁雪晶　杨　可　刘界儒　李　君　贾　宁　李阳阳
北京师范大学教育新闻与传媒研究中心

一、青少年网络素养研究的重要意义

中国互联网络信息中心（CNNIC）最新发布的第 40 次《中国互联网络发展状况统计报告》显示，截至 2017 年 6 月，我国网民规模达 7.51 亿人，互联网普及率达到 54.3%。其中我国网民以 10~39 岁群体为主，10~19 岁群体占 19.4%，在整个网民年龄阶段占比中稳居第三。这一数据表明，青少年已经成为我国互联网的重要使用人群。

青少年是互联网时代一个独特的群体，尤其是对出生于 2000 年前后的青少年来说，他们是地地道道的"数字原住民"。一出

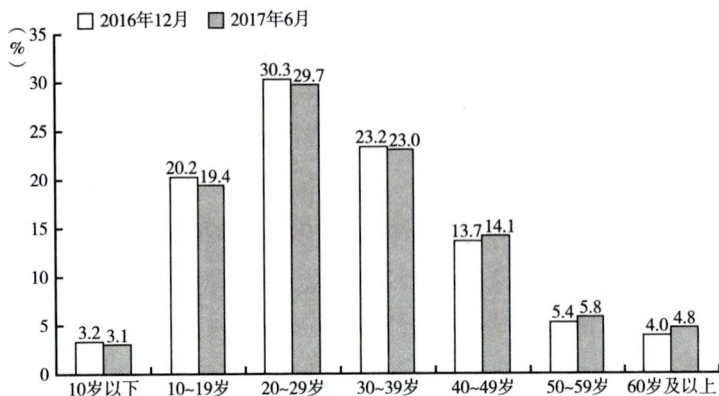

图 1　中国网民年龄结构

资料来源：CNNIC 中国互联网络发展状况统计调查。

生，他们就"浸泡"在网络环境中，对于各种技术应用习以为常，认知模式和学习行为等也都带有明显的网络化特性。如今，网络已渗透到青少年一代的娱乐、教育、生活、自我表达、社交等方方面面，成为当前我国青少年不可或缺的学习、信息交流和娱乐工具，对青少年以及人类社会的发展都有着极大的推动作用。

然而，值得注意的是，青少年认知和行为正处于发展、成熟阶段，对于各种复杂的互联网信息的辨别能力不够，在接触使用媒介的同时也面临注意力缺失、信息焦虑、数字压力、网络成瘾、隐私安全、网络暴力诸多潜在风险。提高青少年的网络素养水平，重视和加强青少年的网络素养培育，日益被政府、社会等提上日程。

青少年作为祖国的未来、民族的希望，以习近平总书记为核心的党中央密切关注他们的健康成长。2015 年以来，习近平在多个场合都曾强调，培育积极健康、向上向善的网络文化，用社会主义核心价值观和人类优秀文明成果滋养人心、滋养社会，做到正能量充沛、主旋律高昂，为广大网民特别是青少年营造一个风清气正的网络空间。

2017 年两会期间，全国人大代表、腾讯公司董事会主席兼首席执行官马化腾共提交了七条建议，其中重要的一条——关于"加强未成年人健康上网保护体系建设"的建议尤为引人关注。马化腾认为，加强未成年人健康上网保护体系建设的需求愈发急迫。他在这份议案中提出，保护未成年人需要家长、学校、相关部门与互联网企业共同行动，相互配合，一起构筑未成年人网络保护的同心圆。

这是一个互联网高速发展的时代，广大青少年面对来自四面八方泥沙俱下的各类资讯。抵制网络不良信息、参与网络社区建设，就要求青少年必须增强自身的网络素养。就此而言，开展针对青少年的系统的网络素养教育显得尤为重要。

目前，青少年过度使用网络、网络诈骗受害、网络失范、网络犯罪等已成为政府、社会、学校和每个家庭最为关切的社会问题。但我国尚未形成青少年个人、家庭、学校、社区、社会相协调的网络素养教育生态系统。因此，提高青少年网络素养对于青少年的成长和发展，构建未来健康、文明的网络生态具有重大意义。

二、研究综述

（一）媒介素养

媒介素养最早源于 20 世纪 30 年代，英国学者列维斯和汤普生在《文化与环境：批判意识的培养》一书中，首次提出将媒介素养教育引入学校课堂的建议，被认为是英国乃至世界关于媒介素养研究的开始。自此，"媒介素养"这一概念登上学术舞台，逐渐受到学界的重视。

目前，各国学者虽然对媒介素养的研究有了长足发展，但尚未形成统一的概念。1992 年，美国媒介素养研究中心对此的界定是"人们面对媒介各种信息时的选择能力、理解能力、质疑能力、评估能力、创造和生产能力以及思辨的反应能力"。2005年，英国通信管理局（OFCOM）对媒介素养的定义是，"在复杂社会情景下人们接触媒介、理解媒介和积极使用媒介进行创造性交流的能力"。加拿大安大略教育部定义媒介素养，"是学生理解和运用大众媒介方法，对大众媒介本质、媒介常用的技巧和手段以及这些技巧和手段所产生的效应的认知力和判断力"。

（二）网络素养

随着网络技术的飞速发展，人们使用各种网络媒介的频率日益增加，网络媒介对人们的影响也日益加深。与此同时，学界对于媒介素养的研究方向和结果也呈现新的变化，网络素养的研究由此诞生。

1994 年，美国学者 Mc Clure 首先用"网络素养"（Network literacy）的概念来描述个人"识别、访问并使用网络中的电子信息的能力"。

伴随着社会实践的进一步展开，网络素养的内涵被进一步廓清，学者 Selfe C. 将网络素养的概念进一步精细化，区别了计算机素养（Computer Literacy）和技术素养（Technological Literacy）：计算机素养是人们使用计算机、软件或网络的机械技能；而技术素养是在电子环境背景下，一系列包含社会和文化因素的价值观、实践和技巧的复杂的操作语言。学者 Savolainen 则从社会认知理论出发，对网络素养进行了系统梳理，提出了网络能力（Network Competence）的概念，认为网络能力包含知晓互联网中资源的能力、使用工具获取信息的能力、对信息的相关性判断的能力、沟通能力四个方面。

今天，随着移动互联网和数字技术的迅猛发展，信息传播环境早已发生了巨大的变化，网络的承载能力也不可同日而语。正如传播学者麦克卢汉所提出的"媒介即讯息"——人类只有在拥有了某种媒介之后才有可能从事与之相适应的传播和其他社会活动，网络在影响社会生活各方面的同时，也承载了包含数字技术、资源整合、信息传播等多个维度的通路。在此背景下，国内学者喻国明提出：网络素养应是一种基于媒介素养、数字素养、信息素养等，再叠加社会性、交互性、开放性等网络特质，最终构成一个相对独立的概念范畴[1]。

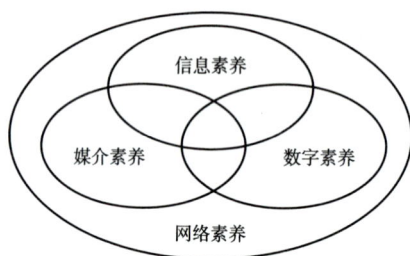

图 2　喻国明提出关于"网络素养"的新图式

（三）青少年网络素养的测量维度

2008 年，学者周葆华和陆晔在《从媒介使用到媒介参与：中

1　喻国明、赵睿：《网络素养：概念演进、基本内涵及养成的操作性逻辑》，《新闻战线》2017 年第 2 期。

国公众媒介素养的基本现状》一文中，澄清了关于媒介素养的操作化定义。他们认为，媒介素养由媒介信息处理和媒介参与意向两个维度组成，其中媒介信息处理包含思考、质疑、拒绝和核实四个维度。2013 年，学者彭兰也敏锐地指出，对于公众来说，社会化媒体时代的媒介素养应该包括媒介使用素养、信息生产素养、信息消费素养、社会交往素养、社会协作素养、社会参与素养等。芮必峰也在《新技术"呼喊"新媒介素养》中提出，新媒介素养涉及使用者的媒介认知、使用和交往理性三个内容。

随着互联网的进一步发展，网络素养作为重要议题成为新的媒介素养被学界探讨。关于网络素养的操作化定义，也有很多学者提出了不同的看法。网络素养主要是指人们接近、分析、评价和生产网络媒介内容四个方面的能力（Livingstone，2008）。其中，"接近"，是指人们通过何种途径以及如何使用网络媒介的能力，包括使用网络媒介的场所、渠道以及使用经验（时间和频次）（Hobbs，R.，1998）。"分析"，是指人们收集、处理和理解网络媒介信息的能力（Tibor Koltay，2011）。"评价"，是指人们根据已有的知识背景，鉴别网络媒介信息真实性的能力，在某种程度上，这一能力是对网络使用者的"赋权"（Empowerment），使他们能动地处理媒介信息（Livingstone，2008）。"生产网络媒介内容"，是指人们分享、制造、传播网络媒介信息的能力（Livingstone & Helsper，2007；van Dijk，2006）。网络素养的四个方面能力之间，不是一个此消彼长的关系，而是相辅相成的整体（Potter，2010）。

2010 年，学者 Roman Brandtweiner，Elisabeth Donat & Jonann Kerschbaum 把网络素养划分为四个方面的能力，又可概括为两个层面，分别是，网络技能（接近网络和分析自我网络技能的能力）和网络媒介知识（评估和生产网络媒介内容）。网络技能作为接触和使用网络的基本能力，影响着人们能否平等地参与网络信息交往；网络媒介知识是人们认知和判断网络环境的能力，作为更高层次的能力，深刻地影响着人们的网络社会行为（Hargittai，2002）。

近年来，伴随着在线交往的深入，人们对隐私性和亲密性的标准进行了重新整合，对网络素养和自身风险的管理提出了新的要求（Sonia Living Stone，2008）。网络隐私作为人们保护和控制自我网络信息的权利，是一种信息自决权；其内涵从消极的"私生活不受干扰"发展为能动的"自我信息控制"（刘德良，2007）。网络素养被认为具有支持、鼓励和赋权人们控制和管理个人信息的能力，这种能力的差异直接影响人们如何认知网络风险环境以及他们的隐私信息控制行为（Ball & Webster，2003；Yong Jin Park，2013）。所以，网络信息素养和信息安全是网络素养的天然性组成部分。鉴于伴随着互联网的持续发展和我国对于互联网环境治理的探索，信息安全（隐私）仅仅是网络中存在的诸多问题的其中一个，网络暴力、群体极化、网络谣言等危害程度持续增加的网生问题，使得青少年在网络上面对的风险不止有信息安全这一个方面。"如何看待网络规范""了解我国关于互联网的法律吗"等一系列关乎网络伦理道德和法律的知识也应该和信息安全一起被看作网络素养的一个维度。

尚靖君和杨兆山在 2012 年的研究中提出对网络媒介素养概念的界定，他们认为，网络媒介素养是面对网络时应具备的基本素养，包括四个方面，分别是网络媒介意识、网络媒介知识、网络媒介能力和网络媒介道德。

我们的调查中同样把网络媒介知识和网络能力、非意识因素作为青少年网络素养的重要组成部分，非意识因素包含意识和道德两个方面。对于网络媒介知识的考察，我们借由媒介素养的操作化定义到网络素养定义的发展，一方面把对网络内容的分析和评价作为衡量维度之一；另一方面，它作为认知和判断网络环境的能力，是人们对上网环境和自身上网行为的认知基础。所以，我们在测量中引入网络信息分析与评价这一维度，作为对青少年网络媒介知识的测量。在网络技能方面，我们主要侧重于网络信息搜索与利用能力的测量。自我信息控制作为网络道德和网络信息安全的统一维度，既有对青少年认知网络环境、伦理道德的考察，又有对他们行为的了解，例如网络隐私保护行为等。

另外，荣姗姗在 2007 年《安徽高校学生网络素养现状及其教育实践探究》中指出，对上网行为的自我管理能力，即对自身上网行为的自律，包括上网时间的自我管理、信息选择的自我管理、网络表现的自我管理，将有助于约束上网行为，减少行为偏差，培养正确的网络使用习惯。而学者肖立新、陈新亮、张晓星在对大学生网络素养的研究中也认为，网络自我管理能力是网络素养的组成部分。结合我们这次调查的对象来看，多个实证研究表明，青少年在使用网络的过程中，部分学生缺乏网络自我管理能力。很多人没意识到网络自控力的重要性，网络行为自我管理能力普遍较差。据此我们引入网络自我管理能力作为青少年网络素养的组成部分之一，主要测量被试网上认知、情感和行为的自我管理和控制能力。这也是我们量表的第一部分。

随着社交网络的兴起，网上交友和在网上开展社交活动也逐渐成为青少年对网络的主要用途。艾瑞报告《2015年中国青少年儿童网络互联网使用现状研究报告》显示，当儿童成长到初中（12岁），他们对于社交的需求最大（77%），而网络交友问题也开始成为家长的担忧。

结合有关学者研究结果——印象管理作为辨别青少年网络社交沉迷的重要变量，我们可以在广义上把印象管理能力纳入网络素养的范畴。并且我们可以假设，适度的网络印象管理能力是高水平的网络素养水平的体现，印象管理与自我控制、信息素养及道德认知等一起共同作用于青少年的网络素养水平。把印象管理作为这次对青少年网络素养测量维度之一，是我们这次调查的最新尝试。

（四）网络素养的影响因素

对于"网络素养"影响因素，目前学界的主流观点认为包含五大因素，即个体因素、家庭因素、学校因素、政府因素和社会因素。

诸多学者认为学生在性别、年龄、受教育程度、社会背景等方面的人口统计学差异，会对其网络素养产生一定的影响。周葆华、陆晔通过实证调查分析后发现，中国公众的媒介知识水平整体较低且存在差异，差异具体表现为：男性的媒介知识水平要高于女性；年轻人要比老年人的媒介知识储备高；受教育程度越高，媒介知识掌握得越多[1]。杜海钰通过对乌海市第四中学初中生进行调查后发现，初中阶段的女生整体信息素养要高于男生；学习成绩好的学生信息素养水平整体较高[2]。

家庭因素同样对青少年的媒介素养水平有着深刻的影响，学界的考察集中在父母受教育程度、父母的工作性质、父母与孩子的沟通方式、家庭的经济状况、家庭的网络媒介环境、家庭关系、家庭网络生活规范等方面。王倩课题组则看到了家庭媒介条件差异对子女媒介素养的影响，并提出了影响儿童媒介接触与使用的

1　周葆华、陆晔：《中国公众媒介知识水平及其影响因素——对媒介素养一个重要维度的实证分析》，《新闻记者》2009 年第 5 期。

2　杜海钰：《初中生信息素养水平现状调查与影响因素分析》，《内蒙古师范大学》，2014。

三点家庭因素：①家庭拥有媒介的种类及数量；②父母的媒介使用习惯与媒介素养水平；③父母对子女媒介行为的指导和参与情况。[1]江宇通过调查研究分析指出，家庭社会经济背景和家庭传播环境也会影响青少年的媒介素养水平，而且由家庭社会经济背景、家庭传播环境等结构因素带来的媒介素养水平差距会在代内和代际"重现"。[2]

学校教育是媒介素养教育的基础和关键，没有一种教育方式可以与学校系统化、规模化、正规化的教育方式相提并论。一些学者发现，学校开设信息技术课的情况一定程度上会影响学生的媒介素养。杜海钰通过调查后发现，信息技术课会影响学生的媒介素养，上过信息技术课时间越长的学生信息素养水平越高[3]。谢建对农村初中学生信息素养现状进行调查后发现，信息技术教师的素质（包括教师的专业化程度和从事教学的时间）和信息技术课程的课时量都会对学生的媒介素养产生一定的影响[4]。

同时，政府的重视和支持也是一个国家媒介素养教育长足发

1　王倩、李昕言：《儿童媒介接触与使用中的家庭因素研究》，《当代传播（汉文版）》2012 年第 2 期，第 111~112 页。

2　江宇：《家庭社会化视角下媒介素养影响因素研究》，中国传媒大学，2008。

3　杜海钰：《初中生信息素养水平现状调查与影响因素分析》，内蒙古师范大学，2014。

4　谢建：《农村初中学生信息素养现状调查与影响因素》，东北师范大学，2007。

展的保证。2003 年，英国政府设置国家通讯管理局（OFCOM）负责管理英国的传媒业，确保英国范围内播放高质量的电视和广播节目内容，还负责和英国教育部联合，以确保有效地推动媒介素养教育的开展，提高英国公民的媒介素养。[1]

　　面对复杂的网络环境，网民特别是青少年网民的媒介素养教育亟待解决。然而，媒介素养教育绝非靠一家之力就可完成，它需要社会各界力量的共同努力。朱顺慈（Donna Chu）通过对来自四个不同领域的 10 位专家深度访谈以及参加 3 个网络安全学术论坛后提出，儿科专家可以通过临床实践观察青少年的心理健康，社会工作者可以关注青少年通过接触风险（被欺负、骚扰、跟踪或和陌生网友见面）和参与风险活动（参与网络欺凌、违反法律、创建色情等有问题的内容、援交、分享毒品信息）导致的价值观的混乱；IT 专家可以思考云技术发展导致一切信息都可以被检索和追溯导致的隐私权问题；教师担心网络监测技术的运用，催生了社交媒体中沉默的螺旋产生，即学生不敢实名在互联网上发表不同的意见，反而转向匿名网络攻击的形式，最终威胁到言论自由。[2]

1　郭铮：《英国青少年媒介素养教育的实践与启示》，郑州大学，2014。

2　Donna Chu, "Internet Risks and Expert Views: a Case Study of the Insider Perspectives of Youth Workers in Hong Kong", *Information Communication & Society*, 2016, 11(1):1-18.

三、研究框架

通过文献梳理和前测考察，我们把影响青少年网络素养的影响因素（自变量）划分为：个人属性、家庭属性和学校属性三种类型，青少年网络素养由上网注意力管理、网络信息搜索与利用、网络信息分析与评价、网络印象管理、自我信息控制五个维度组成。

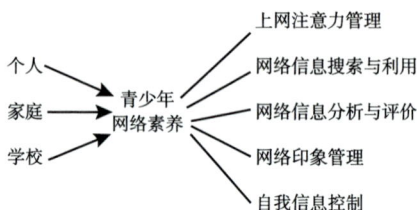

图3 青少年网络素养影响因素

四、研究方法和指标体系

（一）研究方法

本次研究主要采用整群抽样调查的方式，以 34 个城市的 57 所中学学生的网络素养为样本总体，调查范围涵盖 22 个省市自治区。从 57 所附属中学中随机抽出 48 所作为样本框，利用整群抽样的方式，从每个学校抽取初中和高中各年级一个班的学生，组成研究的实际调查对象。本次调查，共计发放问卷 9620 份，其中高中部 3876 份，初中部 5344 份。剔除无效样本后，得到合格样本 7044 份。

（二）样本构成

表 1　样本构成

样本分布		百分比（%）	N
东中西部地区	东部地区	43.6	3074
	中部地区	21.7	1531
	西部地区	34.7	2439
一二三线城市	一线城市	15.9	1117
	二线城市	19.1	1346
	三线城市	65	4581
性别	男	49.8	3499
	女	50.2	3531
年级	初一	28.3	1985
	初二	19.2	1356
	初三	13.5	948
	高一	16	1120
	高二	12.4	871
	高三	10.6	741

（三）指标体系

结合青少年媒介素养和网络素养的相关研究，本课题组把青少年网络素养分为五个维度："上网注意力管理""网络信息搜索与整合""网络信息分析与评价""网络印象管理""自我信息控制"，14 个指标，采用 62 个操作化定义进行测量。

表 2　指标体系

维度	指标	操作化定义（数量）
上网注意力管理	网络使用认知	6
	网络情感控制	6
	网络行为控制	3
网络信息搜索与整合	信息搜索与分辨	7
	信息保存与利用	6
网络信息分析与评价	对网络的主动认知和行动	4
	对信息的辨析与批判	10
网络印象管理	迎合他人的倾向	3
	伤害控制	2
	操控倾向	2
	自我宣传	2
自我信息控制	自我信息保护	4
	他人信息权利	4
	网络信息规范	3

五、青少年网络素养现状

（一）总体状况

1. 总体得分情况

调查显示，青少年网络素养平均得分为 3.55 分（满分 5 分），总体得分不高，网络素养水平总体上处于及格线上，有待进一步提升。其中，自我信息控制的平均得分最高（3.64），网络印象管理的平均得分最低（3.31）。

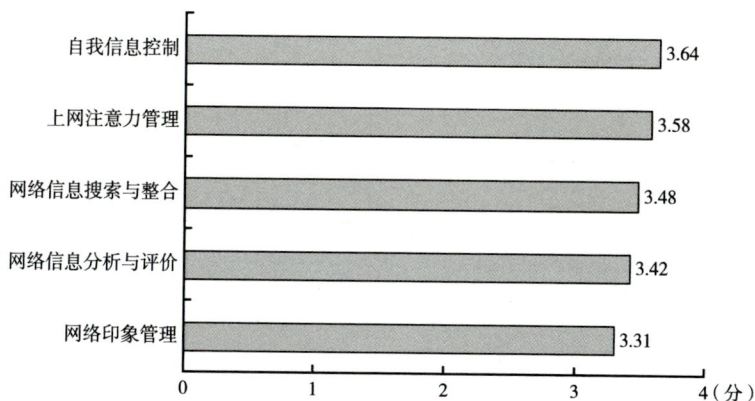

自我信息控制	3.64
上网注意力管理	3.58
网络信息搜索与整合	3.48
网络信息分析与评价	3.42
网络印象管理	3.31

图 4　各维度平均得分（五分制）

2．回归模型

回归模型显示，个人属性中的年级、成绩、城市户口、东部地区、一线城市、二线城市，家庭属性中的上网设备数量、与父亲的亲密程度、与母亲的亲密程度、与父母讨论网络的频率，学校属性中的是否开设有相关课程、教师使用多媒体课件的频率，对青少年综合网络素养有显著影响。

表 3　青少年综合网络素养回归模型

项目	模型 1	模型 2	模型 3
男性	−0.011	0.001	−0.005
年级	−0.046***	−0.055***	−0.04**
成绩	0.165***	0.13***	0.121***
城市户口	0.111***	0.051***	0.051**
东部	0.062***	0.054**	0.05*
西部	0.40*	0.03	0.016
一线城市	0.74***	0.052***	0.05**
二线城市	0.038**	0.034*	0.033**
与双亲居住		0.016	0.02
父亲最高学历		0.04*	0.036
母亲最高学历		0.035	0.039

续表

项目	模型 1	模型 2	模型 3
父亲体制内职业		0.008	0.008
母亲体制内职业		−0.009	−0.007
上网设备数量		0.05***	0.047***
与父亲亲密程度		0.088***	0.086***
与母亲亲密程度		0.073***	0.073***
与父母讨论频率		0.108***	0.105***
父母对自己上网干预频率		−0.017	−0.017
学校开设相关课程			0.43***
教师使用多媒体课件频率			0.079***
R 方 SIG	调整后的 R 方 6.1% SIG=0.000	调整后的 R 方 1.1% SIG=0.000	调整后的 R 方 1.2% SIG=0.000

（二）个人属性影响因素分析

回归模型结果显示：成绩、城市户口、东部地区、一线城市、二线城市正向影响青少年网络素养，年级对网络素养的影响为负向。

1. 初中生网络素养水平优于高中生

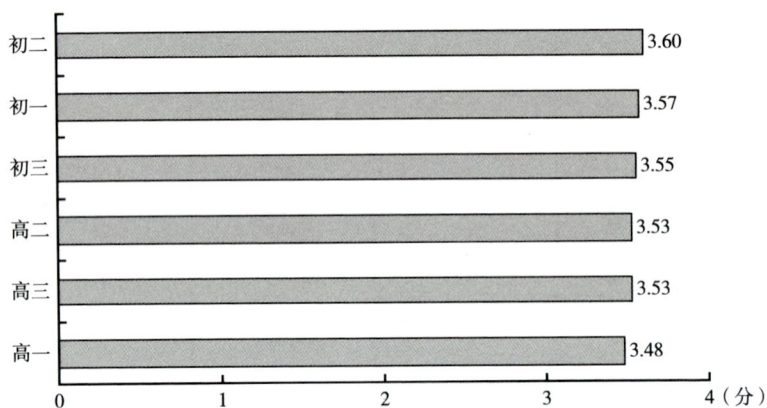

图5　不同年级青少年网络素养得分均值（五分制）

2. 随着青少年学习成绩的提高，网络素养也显著提高

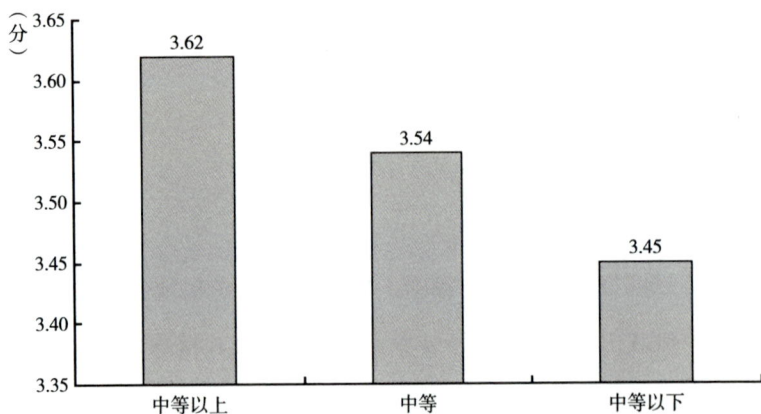

图6　不同成绩青少年网络素养得分均值（五分制）

3. 东、中、西部地区对青少年网络素养的影响

东部地区青少年网络素养水平显著高于非东部地区，中部地区的青少年网络素养出现"凹陷"的情况。

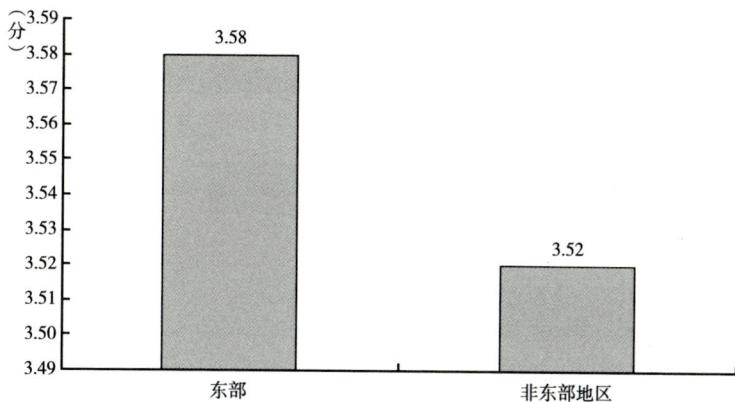

图 7　东部地区青少年网络素养得分均值（五分制）

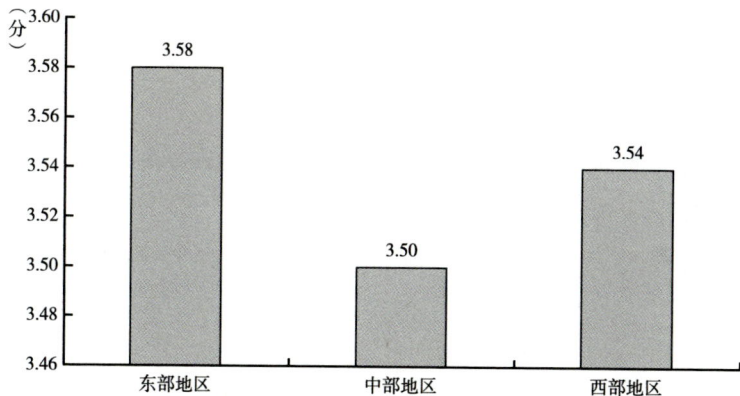

图 8　东中西部地区网络素养得分均值比较（五分制）

4. 以城市来看，一线城市青少年的网络素养水平最高

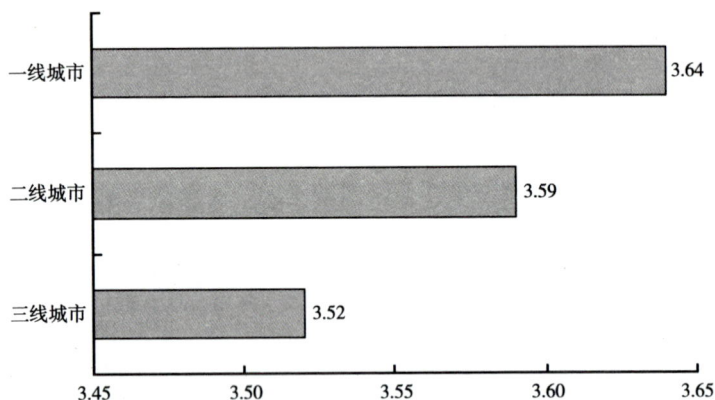

图 9　不同城市青少年网络素养均值（五分制）

（三）家庭属性影响因素分析

在家庭属性中，上网设备数量、与父母亲密程度、与父母讨论频率对青少年网络素养有显著的正向影响。

1. 家庭上网设备正向影响青少年的网络素养水平

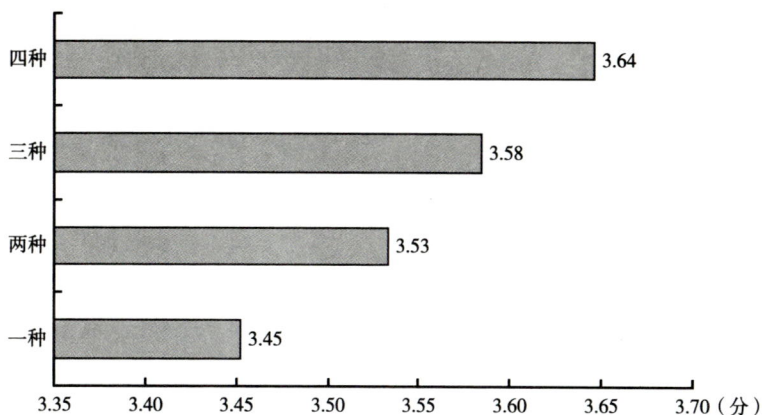

图 10　综合网络素养均值－上网设备种类（五分制）

2. 青少年与父母的亲密程度越高，网络素养水平也越高

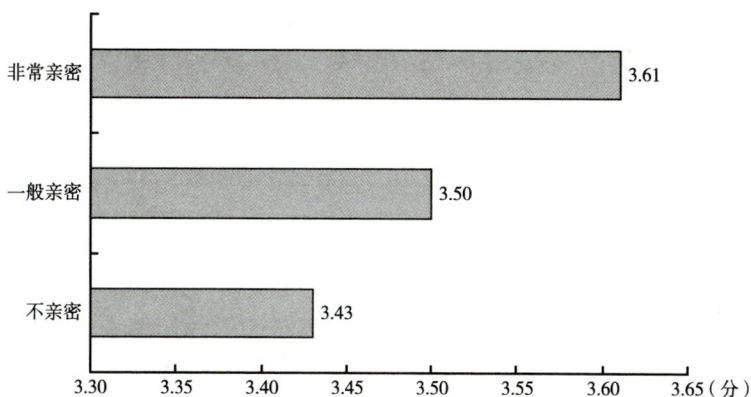

图 11　综合网络素养－和父亲的亲密程度（五分制）

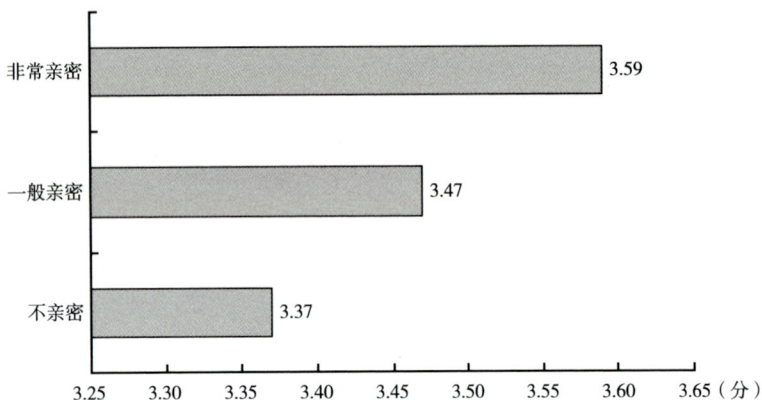

图12 综合网络素养－和母亲的亲密程度（五分制）

3．与父母讨论网络信息的频率越高，青少年网络素养水平也越高

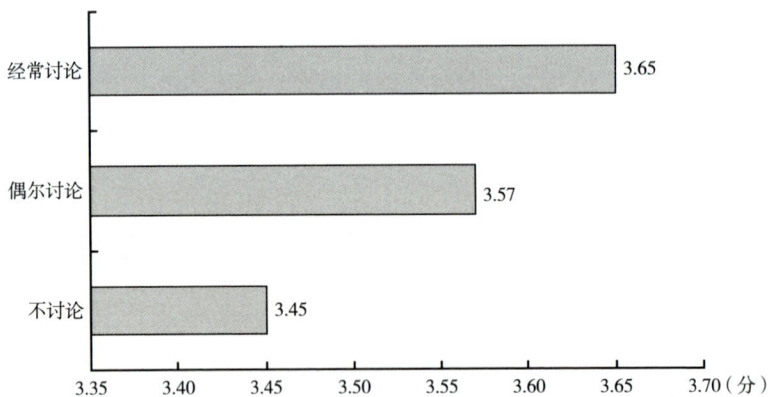

图13 综合网络素养－和父母讨论信息的频率（五分制）

（四）学校属性影响因素分析

在学校因素中，学校开设相关课程、教师使用多媒体的频率

与青少年网络素养呈正相关。

1. 学校开设相关课程的青少年，网络素养水平较高

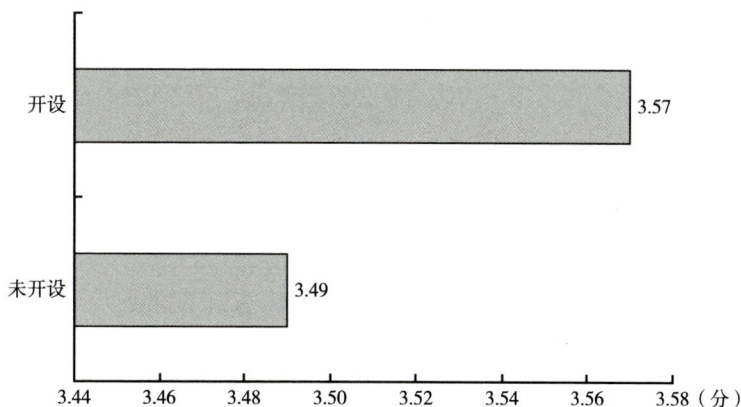

图14 综合网络素养 - 学校是否开设相关课程（五分制）

2. 教师使用多媒体的频率，正向影响青少年的网络素养水平

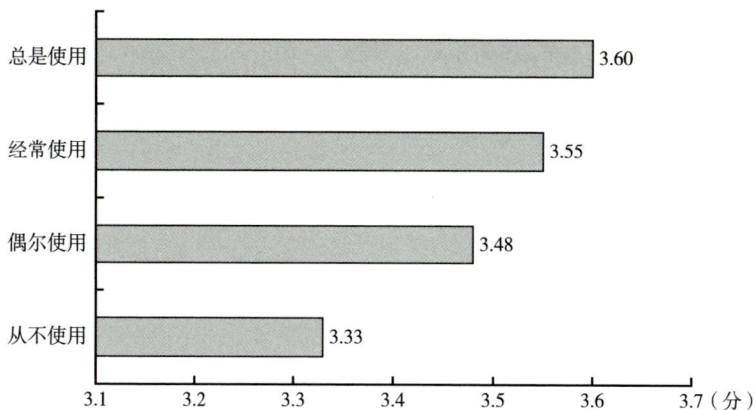

图15 综合网络素养 - 教师使用多媒体的频率（五分制）

（五）个人属性对五个维度的影响分析

1．性别对五个维度的影响分析

上网注意力管理和自我信息控制方面，女性青少年优于男性；网络信息搜索与利用、网络信息分析与评价、网络印象管理方面，男性青少年优于女性。

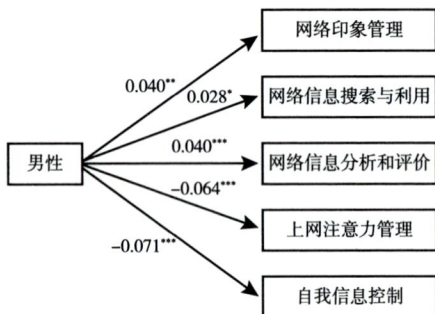

图16 性别对五个维度的影响分析

注：＊代表 0.05 的水平上显著相关，＊＊代表 0.01 的水平上显著相关；＊＊＊代表 0.001 的水平上显著相关。下图同。

2．年级对五个维度的影响分析

网络信息分析和评价能力随年级升高而提高；其他方面能力随年级升高而降低。

3．成绩对五个维度的影响分析

成绩越高的学生，五个维度的得分越高。

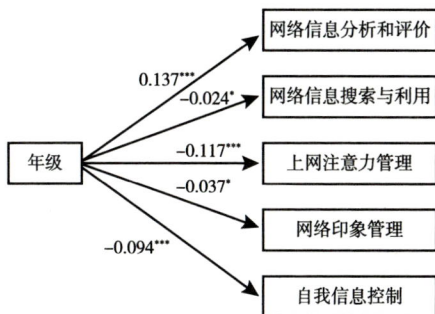

图 17　年龄对五个维度的影响分析

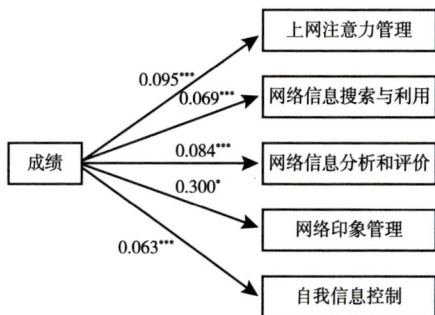

图 18　成绩对五个维度的影响分析

4．城市户籍对五个维度的影响分析

上网注意力管理、网络信息分析和评价能力两方面，城市户籍的青少年优于农村户籍。

5．东部地区对五个维度的影响分析

除网络印象管理外的其他四个维度，东部地区的青少年显著优于非东部地区。

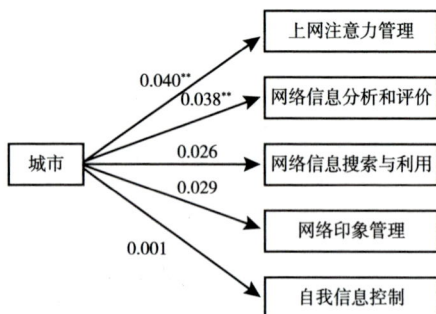

图 19　城市户籍对五个维度的影响分析

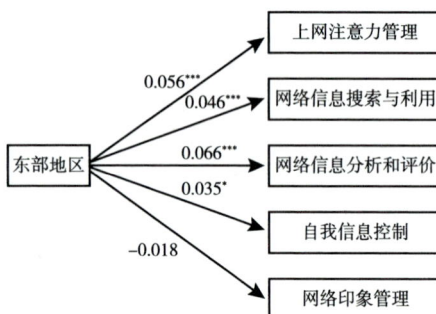

图 20　东部地区对五个维度的影响分析

（六）家庭属性对五个维度的影响分析

在家庭属性中，上网设备数量、与父母亲密程度、与父母讨论频率对青少年网络素养有显著的正向影响。与双亲居住，对青少年上网注意力管理和自我信息控制能力的提高有显著影响。上网设备种类越多，青少年在网络信息搜索与利用、网络信息分析

和评价、网络印象管理方面的能力越好。随着家长对青少年上网
行为干预频率的提高，青少年上网注意力管理能力显著下降。与
父母讨论的频率越高，青少年在网络信息搜索与利用、信息分析
与评价、网络印象管理方面的能力越高。

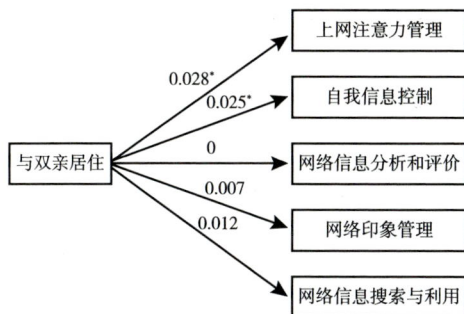

图 21　家庭属性对五个维度的影响分析

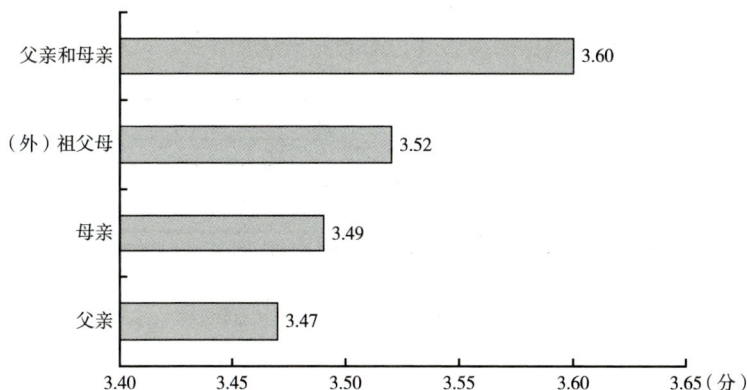

图 22　注意力管理能力均值（五分制）

1．五个维度的家庭因素分析：与双亲居住

与双亲居住，对青少年上网注意力管理和自我信息控制能力的提高有显著影响。

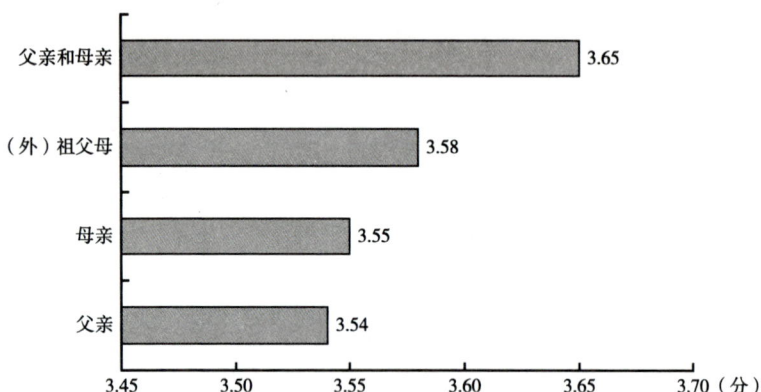

图 23　自我信息控制能力均值（五分制）

2．五个维度的家庭因素分析：上网设备种类

上网设备种类越多，青少年在网络信息搜索与利用、网络信息分析和评价、网络印象管理方面的能力越好。

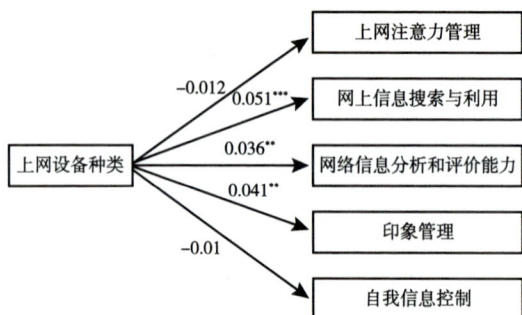

图 24　上网设备种类对五个维度的影响分析

3．家庭对五个维度的影响分析：父母对青少年上网行为的干预

随着家长对青少年上网行为干预频率的提高，青少年上网注意力管理能力显著下降。

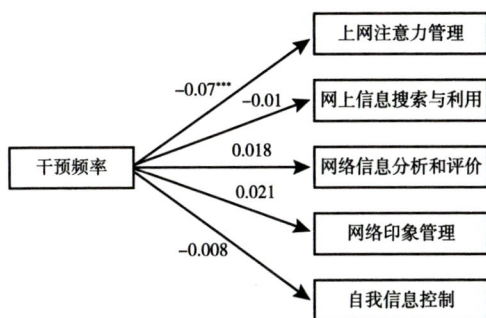

图25　父母干预频率对五个维度的影响分析

4．家庭对五个维度的影响分析：与父母的亲密程度

良好的亲子关系显著影响青少年网络素养的培养；与母亲的亲密程度有显著关联；父亲在青少年网络信息能力的培养中缺位。

5．家庭对五个维度的影响分析：父母的学历

父亲学历对网络信息分析和评价能力有显著正向影响，母亲学历对青少年的网络信息搜索与利用能力有显著正向影响。

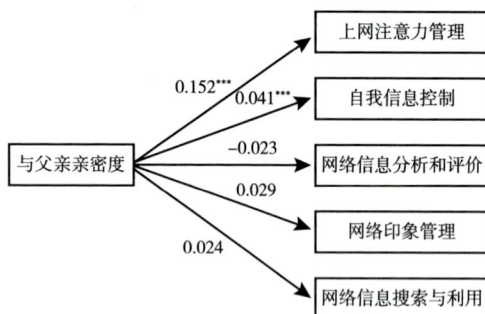

图 26　与父亲亲密度对五个维度的影响分析

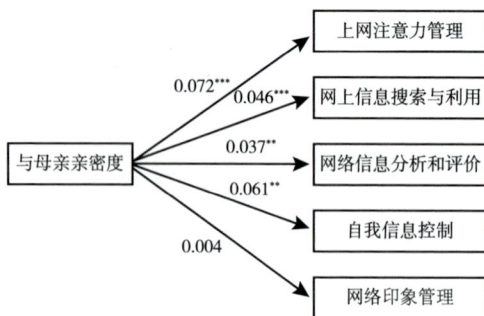

图 27　与母亲亲密度对五个维度的影响分析

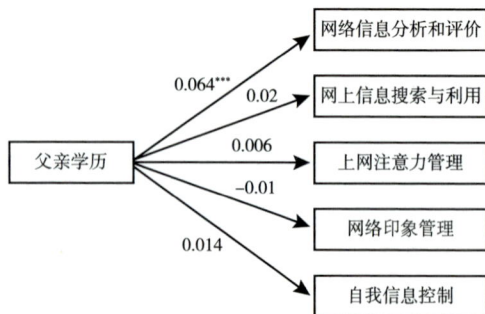

图 28　父亲学历对五个维度的影响分析

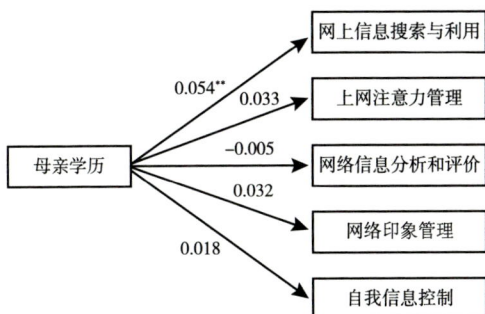

图 29　母亲学历对五个维度的影响分析

6．家庭对五个维度的影响分析：与父母讨论网络信息的频率

与父母讨论的频率越高，青少年在网络信息搜索与利用、信息分析与评价、网络印象管理方面的能力越高。因此，提高和孩子讨论网上信息的频率方式来管理孩子上网行为，是可取的。

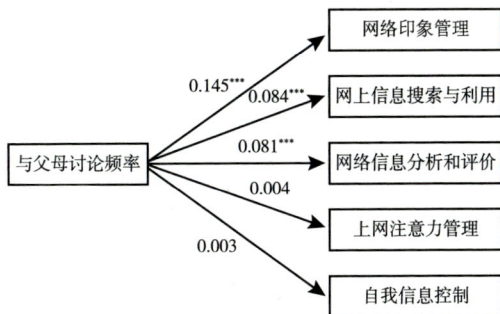

图 30　与父母讨论频率对五个维度的影响分析

（七）学校属性对五个维度的影响分析

在学校因素中，学校开设相关课程、教师使用多媒体的频率与青少年网络素养呈正相关。数据显示，学校开设有关网络（信息）素养课程对青少年的上网注意力管理、网络信息搜索与利用以及自我信息控制有显著的正影响；教师使用多媒体的频率越高，青少年网络素养越高。

1. 学校属性对五个维度的影响分析：是否开设相关课程

学校开设有关网络（信息）素养课程对提高青少年网络素养有明显影响作用。

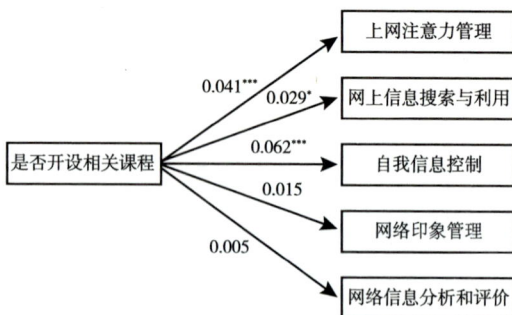

图 31　是否开设相关课程对五个维度的影响分析

2. 五个维度的学校因素分析：教师使用多媒体的频率

教师使用多媒体课件的频率会显著影响青少年网络素养的培养。

五、青少年网络素养对策建议

（一）"赋权"和"赋能"是青少年网络素养的核心理念

互联网在中国飞速发展了 20 余年，由网络化、数字化，演进到今天的智能化，互联网以"连接一切"的方式作用于社会，极大地激活了个体，深度嵌入我国社会经济和民生生活，成为影响中国未来发展的重要因素。

基于青少年网络素养的量化研究结果，结合青少年成长发展的现实语境和社会土壤，对青少年网络素养的培养和发展这一议题，我们认为"赋权"和"赋能"是网络素养培育的核心理念。

"赋权"，青少年作为网络原住民，他们从出生便生活在网络世界和虚拟世界交融的独特生存空间中。"赋权"就是要赋予青少年在实践中提升自我发展能力的权利，除了鼓励青少年去认知和接触现实世界外，也应该在网络世界中顺应青少年探索未知的天性，帮助青少年通过网络与现实世界建立社会联系，并引导他们在探索和发现的过程中发现内在的意义与自我成长的价值，强调实践对认知和综合能力的提升作用，尊重青少年的自由精神与探究本能。

"赋权"是一种能力构建教育，使青少年利用网络自我发展为"智慧网络人"，即需要培养青少年的上网注意力管理能力、网络信息搜索与利用能力、网络信息分析与评价能力、网络印象管理能力、自我信息控制能力等，使青少年可以娴熟使用网络媒体，也让他们能够更好地参与社会活动和发声，并利用互联网在虚拟和现实的交互中便捷解决复杂问题，让网络真正能为青少年所用。

（二）实施青少年网络素养个人能力提升行动计划

作为青少年，应认识到网络素养的重要性，从而提高自身网络素养，以达成安全、健康和高效使用网络的目标。

1. 青少年需充分构建学习网络社区

根据调研结果，青少年个人成绩与网络素养呈正相关。在信息网络环境下，青少年需充分构建学习网络社区，更好地提升青少年的自身素质和能力；互联网也为使用者提供了帮助其行动的主要条件和空间，青少年也可以根据自己关于互联网的知识结构和能力，参与关于网络上社会话题的讨论，参加利于自己发展的网络团体，为成长成一个完全的社会人，在公共领域累积更丰富的知识和行动经验。

2. 学会安全、健康地使用互联网

一是保护信息和隐私安全。当面对自己感觉陌生又不能确定安全性的网络信息出现时，告诉父母或重要监护人。

青少年应该提高信息安全和隐私防范意识，特别在社交媒体、网上交易、需要填写个人账户密码或真实信息的情境中；应尊重隐私和知识产权，不剽窃、盗用他人的知识成果或网络账号，不参与任何形式的网络暴力。

二是加强注意力管理，谨防过度使用网络或数字压力。青少年处在需要接受有益信息的关键时期，应该主动地将注意力放在与自己生活息息相关的高质量、高价值的信息上。避免迷失在复杂性、及时性、开放性的信息环境中，形成注意力倾向的长期偏差，甚至影响正常生活。

三是警惕数字压力。青少年应检验自己是否存在一定程度上的数字压力，学会时间管理、有计划地上网、减轻对社交媒体的依赖和制定目标并开始改变，定期反省使用情况，当阶段性地完成目标时给予自己奖励，直到养成新的习惯。

（三）实施青少年家庭网络素养教育计划

家庭教育对青少年的成长起着潜移默化的作用。对于网络素养的教育而言，以血缘为纽带的家庭教育具有自身独特的感染性优势，家长对孩子的性格特点、行为习惯、教育状况、思想动态等相对较了解，他们的教育引导更具针对性。此外，家长的上网习惯会对青少年的上网行为产生直接的影响。

1. 家长需自我训练，提高自身的网络素养水平

在家庭教育方面，家长要首先提高自身的网络素养水平，如管理自己使用网络的时间、加强对网络信息的分析鉴别能力、重新认识网络的利与弊，不能一味地采用禁止态度，认为网络是"洪水猛兽"，也不能对孩子的网络使用放任不管。

此外，父亲、母亲在网络信息搜索能力和网络信息分析和评价能力方面，承担显著的责任和角色差异。因此，要有针对性地提高自身的网络素养水平，母亲要在青少年网络素养培养过程中发挥引导作用，父亲要承担起陪伴青少年成长发展的责任。

2. 注重沟通，善于发现青少年使用网络时的问题

调研数据显示，与双亲居住是提高青少年网络素养重要的家庭环境；父母与青少年讨论频率越高，青少年的网络素养越高；

随着家长对青少年上网行为干预频率的提高，青少年上网注意力管理能力显著下降。

在青少年网络素养的教育过程中，家长要主动搭建起亲子沟通的平台。建议父母对这种现象抱以宽容、理解的态度，建立与青少年平等讨论和分享的良好习惯，正确引导青少年的上网行为。

同时，家长要多观察青少年使用网络的时间和状态，善于倾听孩子对网络行为的困惑。在尊重隐私的前提下，通过与孩子的沟通交流发现其问题，如是否存在过度使用网络的现象，孩子是否缺乏相应的注意力管理能力等。

此外，父母亲要适度干预青少年的上网行为，采取多种形式和方法、多维度的介入，必要时可以建立科学的家庭上网规则。比如与孩子商量制定网络使用计划表，让孩子养成先完成学习任务再上网的习惯。

3．安全上网，引导青少年识别垃圾信息

作为数字原住民的青少年，对于信息缺少足够的鉴别能力。家长要教授孩子学习基本的信息整理、分类技巧，以及辨别垃圾信息的能力。培养孩子正确的价值观，避免有害信息对青少年的伤害。家长也要对网络安全问题引起足够的重视，并在日常生活中向孩子讲解网络安全的相关知识，包括避免通过社交网络与陌生人聊天，避免泄露自己的真实信息等。

4. 引导孩子正确参与网络互动、文明上网

青少年拥有利用互联网进行自由表达、参与网络互动的权利。家长要引导孩子积极参与网络上一些规范的学习社群和兴趣小组，要让网络成为青少年学习的工具。印象管理作为网络素养的组成部分，是青少年网络互动的表现，但家长也需要教导孩子如何恰当利用网络为自己塑造良好形象。

家长要指导孩子进行文明上网，包括不传播未经核实的信息、不侮辱欺诈他人、不浏览不良信息。

5. 在对话中提升青少年对网络信息的分析评价能力

媒介信息的分析评价能力是网络素养的重要组成部分，它更侧重于信息的认知过程。家长要创造与孩子的对话和交流机会，指导青少年正确认识网络上的信息。例如，可以与孩子讨论网络广告，包括这则网络广告是怎样运作的，为我们营造了一个怎样的环境，分析它为什么会让我们产生购买的欲望等，从而让他们成为理智的消费者。

（四）构建青少年网络素养教育的生态系统

学校教育是媒介素养教育的基础和关键，没有一种教育方式可以与学校系统化、规模化、正规化的教育方式相提并论。

1.改善课程设置

调研数据显示，学校开设网络素养相关课程，对青少年网络素养影响显著。建议在学校中开设网络素养教育的独立式课程或融入式课程。

课程设置应把握理论与实践相结合，尝试把媒体教育融入各个学科之中，进行跨学科的合作。具体的教学策略和阶段，如课程单元、课时安排等，需要媒介教育研究的专业部门以及教育学方面的专家在此次调查研究结果的基础上进行共同商定和施行。

2.加强教师培训

调查研究显示，教师使用多媒体课件的频率，影响青少年网络素养的培养。建议进一步提升教师的网络素养水平，在教师的培训和继续教育课程中，增加网络素养模块。

在对教师的网络素养培训中，要着重培养教师考虑对媒体教学和学习的实用与教学方法，教师可以就网络中学生最常接触到的新闻媒体、广告等的生产制作流程，以及制作团队背后的意图和目的给学生进行客观和理智的分析，让他们更加清晰地看待他们所接触到的媒介环境。此外，教育相关部门要研发教师网络素养指导手册。

3. 发挥社会大课堂育人的作用

数据显示，青少年网络素养中部塌陷现象显著，这种区域的差异更需要社会的参与，学校要积极引入社会、媒体、社区、企业、公益组织等第三方力量，开展媒体进校园、进课堂、进社团等系列活动。同时多鼓励青少年开展参与式、交流式、拓展式的媒介体验和社会实践活动。

· 机构简介 ·

北京师范大学教育新闻与传媒研究中心简介 研究中心于 2012 年 10 月 10 日正式成立，是由北京师范大学和人民日报社共同创设的协同创新中心。研究中心以"提升教育的传播水平，增强传媒的教育功能"为宗旨，坚持理论研究与新闻宣传工作实践相结合，以应用型研究为主的协同创新机构。研究中心通过形成"开放、融合、多元、持续"的协同创新模式与机制，结合教育的专业性与传媒的大众性，促进教育专业理念的大众化传播，构筑专业教育与教育媒体沟通的桥梁；推动教育科研成果的社会转化，建设教育资源转化平台；研发有针对性的媒介素养教育课程，开展媒介素养教育专业师资的职前职后专门培训，建设媒介教育课程开发与教师培训的基地。

图书在版编目(CIP)数据

青少年网络素养教育读本 / 中国社会科学院国情调查与大数据研究中心编. -- 北京：社会科学文献出版社，2018.7

ISBN 978-7-5201-2106-4

Ⅰ.①青…　Ⅱ.①中…　Ⅲ.①计算机网络－素质教育－青少年读物　Ⅳ.①TP393-49

中国版本图书馆CIP数据核字（2017）第327427号

青少年网络素养教育读本

编　　　者 / 中国社会科学院国情调查与大数据研究中心

出 版 人 / 谢寿光
项目统筹 / 郑庆寰
责任编辑 / 陈晴钰　陈　颖

出　　　版 / 社会科学文献出版社·皮书出版分社（010）59367127
　　　　　　　地址：北京市北三环中路甲29号院华龙大厦　邮编：100029
　　　　　　　网址：www.ssap.com.cn
发　　　行 / 市场营销中心（010）59367081　59367018
印　　　装 / 三河市东方印刷有限公司

规　　　格 / 开　本：880mm×1230mm　1/32
　　　　　　　印　张：9.875　字　数：191千字
版　　　次 / 2018年7月第1版　2018年7月第1次印刷
书　　　号 / ISBN 978-7-5201-2106-4
定　　　价 / 58.00元